環境経営とイノベーション

経済と環境の調和を求めて

所　伸之
［編著］

文眞堂

はしがき

本書の出版に向けて準備を進めている中，大きなニュースが飛び込んできた。2015年12月に国連気候変動枠組み条約第21回締約国会議（COP21）において締結された地球温暖化対策に関する国際条約である「パリ協定」が締結からわずか1年足らずの2016年11月4日に発効したのである。この異例の早さの背景には，地球温暖化に対する世界各国の危機意識がある。ちなみに，1997年12月に締結された「京都議定書」は発効までに7年余りの年月を要している。今回の「パリ協定」には中国，アメリカという温室効果ガスの2大排出国をはじめ，196の国，地域が参加しており，温暖化防止に向けてオール世界の体制がようやく整いつつある。もはやいかなる国も温暖化対策は避けて通れないところまで来ているのである。

企業の環境問題への取り組みについても同様のことが言える。大気汚染や土壌汚染，海洋汚染等，汚染問題が環境問題の中心であった時代には汚染物資を排出する一部の業界，企業のみが対策を講じればよかったが，現在の環境問題は広範，多岐に渡っており，あらゆる業界，企業が環境に配慮した活動をすることが求められる。環境に配慮した経営は今や企業活動の必須の要件なのである。そもそも現在の環境問題を解決するためには，経済的利益に偏重した現行の社会経済システムを，経済と環境の調和する新たなシステムに変えていかなければならない。この社会経済システムの転換を主導するのは企業の創造するイノベーションである。すなわち，企業が様々な領域で環境に配慮した革新的な製品・サービスを生み出し，それが市場メカニズムを通じて社会に浸透することで社会経済システムの転換が可能になるのである。

本書はこのような問題意識の下，現在，様々な業界で進められている企業の環境経営とイノベーションの実態を明らかにすることを試みている。これまでにも企業の環境経営をイノベーションの視点から取り上げた研究書はいくつか存在するが，その内容は自動車や電機といった，いわゆる環境経営のトップランナーの実態を検証したものが多かったといえる。これに対して本書では従来，環境経営の視点ではあまり取り上げられることのなかった業界も取り上げており，製造業，サービス業を問わず，様々な業界，企業の環境経営の実態をイノベーションの視点から検証を試みている。

本書は9章から構成されている。第1章および第2章は主にマクロ的な視点から企業活動と環境問題の関わりを論じており，第3章から第9章までが個別の業界における環境経営をイノベーションの視点から検証したものである。自動車業界や電機業界はもちろんのこと，住宅業界や金融業界あるいは観光業界といった，これまでは環境経営との接点があまりなかった業界においてもその取り組みは確実に進化している。こうした産業界の環境経営の進化の総和がやがて大きな潮流となり，社会の有り様を変えていくことにつながる。

本書の執筆者は皆，中央大学の多摩キャンパスで学んだ経験を有している。緑豊かな多摩キャンパスは自然の息吹を感じることができ，社会科学を専攻する我々に経済と環境の調和の大切さを身につけさせてくれたのかも知れない。

最後に本書の出版にあたっては，文眞堂編集部の山崎勝徳氏に大変お世話になった。記して感謝申し上げたい。

2017年1月

所　伸之

目　次

第1章
企業活動と環境問題：2つの視点からのアプローチ

キーワード：トレード・オフ，イノベーション，コンプライアンス，CSV

企業活動と環境問題の関係性を読み解く時，我々は2つの視点を持っている。1つは，環境の劣化，悪化を引き起こしている主体として企業を捉え，法的，道義的にその責任を問い，活動に規制を加えるという視点である。経済発展の過程で生起する大気汚染，土壌汚染，水質汚染等の環境汚染問題においては典型的にこうした視点からのアプローチがなされる。いま1つは，環境問題を解決に導く主体として企業を捉え，企業の持つ様々な資源を活用して新たな技術やサービスを創造し，環境保全に役立てるという視点である。温暖化問題に対応するために自動車メーカーが開発を進めているエコカーなどはその代表例である。

ここで重要なことは，企業は「環境の破壊者」か，それとも現在の環境問題を解決に導く「救世主」かという二項対立の図式でこの問題を捉えるのではなく，2つの視点を融合しながらより良い方向に向けて歩みを進めるという姿勢である。企業活動には，「環境の破壊者」としての側面と環境問題の「救世主」としての側面の両面があり，それらを上手く舵取りしながら環境保全型の社会を構築していかなければならない。

本章では，2つの視点からのアプローチをこれまでの経緯を踏まえながら整理し，その上で2つの視点の融合の必要性について議論することとする。

1．企業活動と環境問題の関係性①：「環境の破壊者」としての視点からのアプローチ

(1)　企業活動と環境汚染の歴史

企業活動と環境汚染の歴史は，人類の経済発展の歴史でもある。本来，地球上の生命体の1つとして生態系の連鎖に組み込まれていた人間の活動が地球環境に負荷を与え，生態系を乱すようになったのは19世紀以降のことである。すなわち，ヨーロッパで始まった大規模な産業革命を契機として，石炭，石油，鉄等の資源を大量に使用し，機械化された工場での大量生産方式が確立したことで，同時に大気汚染や土壌汚染，河川汚染等の環境汚染問題も深刻化していった。最も早く産業革命が進行したイギリスでは，工場の煙突から排出される煤煙による大気汚染がひどく，19世紀後半の首都ロンドンは昼間でも街灯をつけなければ視界が悪かったといわれる。また，石炭や石油などの化石燃料を燃焼させると硫黄酸化物や窒素酸化物が大気中に放出され，これらのガスが雲粒に取り込まれて複雑な化学反応を引き起こし，最終的に硫酸イオン，硝酸イオンなどに変化し，強い酸性を示す雨を降らせる。いわゆる酸性雨と呼ばれる現象である。酸性雨は，湖沼の酸性化，土壌の酸性化，森林枯死などの被害をもたらすといわれ，実際，ヨーロッパでは20世紀の後半までに湖沼の酸性化による魚の死滅や針葉樹の枯死などの被害が深刻化した。

一方，ヨーロッパよりも遅れて工業化した日本でも同様の環境汚染問題が発生した。1960年代～70年代の高度経済成長期の日本では，4大公害問題と呼ばれる熊本・新潟の水俣病，富山のイタイイタイ病，四日市・川崎の喘息が深刻な社会問題となった。このうち水俣病は，熊本県のチッソ水俣工場と新潟県の昭和電工加瀬工場の排水に含まれる有機水銀が原因となって引き起こされたものであり，患者には異常知覚や精神障害などの症状が現れた。またイタイイタイ病は，三井金属神岡鉱業所がカドミウムなどの汚染物資を富山県の神通川に垂れ流したことに起因し，付近の住民に激しい痛みと病的骨折の症状を持つ患者が続出した。さらに四日市・川崎の喘息は石油コンビナート各社の工場か

ら排出される煤煙が原因で，地域住民に喘息患者が増大したというものである。この時期の日本は，経済規模でアメリカに次ぐ世界第2位の経済大国となり，先進国の仲間入りをしたが，その代償として深刻な環境汚染問題を引き起こしたのである。

そして現在の世界に目を転じれば，中国の環境汚染問題が深刻な状況にある。欧米諸国や日本に遅れて20世紀の終盤から高度経済成長を遂げた中国は，2010年に経済規模で日本を追い越し，現在，世界第2位の経済大国の地位にあるが，急激な経済発展はかつての欧米や日本と同様に深刻な環境汚染問題を伴うこととなった。現在の中国では，河川の大半が有害物資で汚染されており，清潔な飲料水の確保が困難な状況にある。さらに大気汚染も深刻であり，2014年3月には北京で微小粒子状物資PM2.5の値が最高で1立方メートルあたり550マイクログラムを超え，史上最悪の水準に達した。市民の多くが気管支を守るため，外出時にマスクをしている姿がよくTVで放映されている。

このように見てくると，人類は経済発展が環境汚染問題を引き起こすというこれまでの経験則から多くを学んでこなかったように思える。少なくとも，日本や中国は欧米のそうした負の側面から真摯に学ぶことをせずに経済発展を優先させた結果，深刻な環境汚染問題を引き起こしてしまった。これから経済発展を遂げようとしている他の国々も，経済成長が引き起こす負の側面への理解を疎かにすれば同様の轍を踏む可能性が高い。そのためにはどうすればよいのか。その答えは，経済発展の主体であり，且つ環境汚染問題の元凶でもある企業活動への監視を強化することである。実際，欧米諸国や日本をはじめとする国際社会では環境汚染問題が社会問題化したのに伴い，企業活動を規制し，企業責任を追及する動きが活発化した。

(2) 環境汚染問題と国際社会の対応

環境汚染問題が最も早く顕在化した欧米諸国では1960年代から取り組みが始まった。アメリカではRachel Carson（1962）が化学物資，とりわけ農薬の使用による環境汚染の実態を告発したことで環境汚染問題への社会の関心が高まった。1970年には当時の上院議員ゲイロード・ネルソンが中心となって4

月22日を「アースデー」(地球の日)とする宣言がなされた。アメリカ合衆国環境保護庁(EPA)も同年に設立されている。

ヨーロッパでは，1960年代に酸性雨による被害がひどく，スウェーデンでは85,000ある湖沼のうち18,000で水が酸性化し，4,000の湖沼では魚が住めない「死の湖」となっていた。また豊かな森林地帯として知られるドイツ南西部の「黒い森」も酸性雨による針葉樹の枯死が深刻な状況になっていた。1972年にはローマクラブが『成長の限界』[1]を発表し，資源の枯渇，汚染の拡大，人口過剰という将来の破滅的なシナリオを予測して大きな反響を呼んだ。

また日本では，前述したように1960年代以降，公害問題と呼ばれる環境汚染問題が大きな社会問題となり，政府は1967年に公害対策基本法を制定，大気汚染防止法，水質汚濁防止法など環境汚染防止法の整備を立て続けに行った。さらに1971年には環境庁が設立されている。

このように欧米諸国や日本において環境汚染問題に対する社会的な関心が高まる中，1972年にはスウェーデンのストックホルムで国連が主導する初の大規模な国際会議である「国連人間環境会議」が開かれた。この会議を契機に，環境保護を目的とする国連の専門機関として「国連環境計画」(UNEP)が設立されている。但し，当時はまだ環境汚染問題は豊かな先進諸国の問題だとする空気が発展途上国の間には強く，経済発展がもたらす負の側面についての正確な認識を持っていたとは言い難い[2]。しかしながら，ストックホルムでの会議を契機に環境保全に関する様々な会議が開かれるようになり，各種の国際条約も結ばれるようになっていく。例えば，「絶滅の恐れのある野生動植物の種の国際取引に関する条約」(ワシントン条約，1973年)や「廃棄物の投棄による海洋汚染防止条約」(1972年)，「船舶による海洋汚染防止条約」(マルポール条約，1978年)，「国連海洋法条約」(1982年)，「有害廃棄物の越境移動およびその処分の規制に関するバーゼル条約」(1989年)などである。さらに，1999年には当時の国連事務総長であったアナン氏が「グローバル・コンパクト」を提唱した。「グローバル・コンパクト」は世界のグローバル企業に対して，人権，労働，環境の3つの分野において9つの普遍的な原則を示し，企業がそれらの原則を支持し採用することを求めたものである[3]。「環境」に関しては，環境問題の予防的なアプローチを支持する(原則7)，環境に対して一層の責任を担うためのイニシアティブをとる（原則8），環境を守るための技術の開発と普及を促進する（原則9）という3つの原則が提示されている。

企業活動に大きな影響を与える投資家の動きにも変化が見られた。アメリカでは，1989年3月にエクソン社の大型石油タンカー「バルディーズ号」がアラスカ沖で座礁，大量の原油が流出し史上最大の海洋汚染事故を引き起こした。その後の事故処理を巡ってエクソン社は厳しい批判を受けることとなるわけであるが，この事件を契機に作られたのがCERES（Coalition for Environmentally Responsible Economics；環境に責任を持つ経済のための連合）と呼ばれる投資家の団体である[4]。CERESは企業活動の規範として10ヶ条から成る原則を発表，この原則はタンカーの船名にちなんで「バルディーズ原則」と呼ばれた（後にCERES原則に名称変更）。その内容は，①生物圏の保護，②天然資源の持続的な活用，③廃棄物処理とその量の削減，④エネルギーの知的利用，⑤リスクの減少，⑥安全な商品やサービスの提供，⑦損害賠償，⑧情報公開，⑨環境問題の専門取締役及び管理者の設置，⑩評価と年次報告，というものである。CERESのこうした取り組みは，後のSRI（Socially Responsible Investment；社会的責任投資）の拡大の動きにも大きな影響を与えることとなった。

(3)「環境の破壊者」としての企業観

1960年代以降，大きな社会問題となった環境汚染問題に関して企業は「環境の破壊者」として社会から厳しい批判を受けることになった。土壌汚染や海洋汚染，大気汚染といった環境汚染は企業が排出する有害物資が原因となって引き起こされたものであり，汚染を引き起こした企業の責任は重い。こうした環境汚染は人々の健康や生命に重大な悪影響を与えるものであり，当然，放置されるべきものではない。

「環境の破壊者」としての企業に対しては，行政が法的規制によりその活動に制限を加えることで対応した。いわゆる「エンド・オブ・パイプ（End of Pipe)」と呼ばれる方法である。水俣病やイタイイタイ病は，企業が生産の過程で生じた水銀やカドミウムといった有害物資をきちんと処理せずに，そのまま河川に垂れ流したことが原因で引き起こされた問題である。何故，このようなことが起きたかと言えば，それは当時，企業に対して有害物資の排出を取り締まる法律が存在しなかったからである。こうした行為を厳しく規制する法律が制定されれば汚染を引き起こす原因が除去され，汚染問題は解決する。事実，日本では汚染防止関連の法律が制定され，企業に遵守が義務付けられて以降，汚染問題は比較的短期間で終息した[5]。

さらに「環境の破壊者」としての企業に対してはその道義的責任を問わなければならない。その役割を担ったのが，NPOである[6]。1960～70年代に誕生したNPOの多くは，平和運動や環境保護を組織存立の基盤とし「環境の破壊者」である企業に対してはその責任を厳しく追及した。従って，当時のNPOと企業の関係は非常に敵対的であり，どちらかと言えば企業寄りの姿勢が目立つ行政に代わり，NPOは企業の道義的責任を追及する上で，一定の役割を果たしたと言える。

さて，このように企業を「環境の破壊者」として捉え，その活動に法的規制を加え，道義的責任を追及する場合，その背景には経済発展と環境保護は相容れないものであるとする考え方が存在する。つまり，経済発展を優先させれば環境への配慮は疎かになり，逆に環境保護を重視すれば経済発展は妨げられることになる。この「経済」と「環境」の間に横たわるトレード・オフの関係は，その後長きにわたって環境問題の解決を困難なものにしてきた。人間の内面に「経済人」（ホモ＝エコノミクス）としての性格が内包されている以上，経済発展を犠牲にした環境保護を続けることは難しい。1980年代以降，顕在化した地球温暖化問題が未だに解決の道筋を見出せないでいるのは，温暖化の原因とされる二酸化炭素の排出量を制限することは経済成長を阻害することに他ならないからである。

図1-1　「環境の破壊者」の企業観に基づいた「経済成長」と「環境保全」の関係

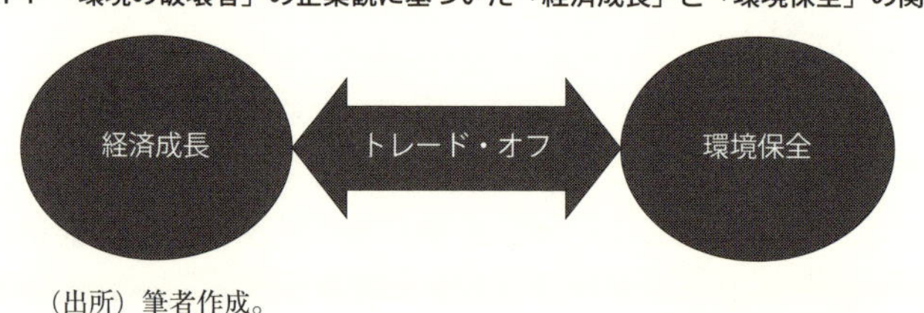

（出所）筆者作成。

2．企業活動と環境問題の関係性②：「環境の救世主」としての視点からのアプローチ

(1) 地域限定の汚染問題から地球規模の環境問題へ

環境問題の変遷を時系列で捉えてみると，1980年代を境に明らかに問題の性質が変化していることが見て取れる。それまでの環境問題は，地域限定の環境汚染問題が中心であったのに対し，1980年代以降は温暖化やオゾン層の破壊など地球規模の環境問題が関心事となった。その背景には，日米欧の先進諸国では汚染問題が深刻な社会問題となったのを受けて，政府が汚染対策に本腰を入れ法的規制を強化したため，企業が有害物資をそのまま大気中に放出したり，河川に垂れ流す等の行為がなくなり，汚染問題が終息に向かったことが挙げられる。汚染の発生源を絶つエンド・オブ・パイプの施策はこうした性質の問題には効力を発揮する。

その一方で，80年代以降顕在化してくる地球規模の環境問題についてはそれまでに専門家の間では議論されてはいたが，一般的な認知度は低かった。それが80年代になって注目されるようになったのは，温暖化やオゾン層の破壊を示す科学的なデータが次々と示されたことで人々の間に地球環境への危機意識が高まったことが背景にある。すなわち，地球の気温を生物が住める一定の温度に保つ役割を果たしている大気中の二酸化炭素の濃度が18世紀の産業革命以前は260～280PPMでほぼ一定していたのに対し，1980年代には350PPMに上昇し，19世紀から20世紀の100年間で地球の平均気温は約0.5℃上昇したこと，また南極での巨大なオゾンホールの発見，人工衛星から送られてくるデータの解析によるオゾン層破壊の事実等，客観的なデータが次々と公表されたことが大きい。

さて，環境問題の性質が地域限定の環境汚染問題から地球規模の環境問題へと変化したことは，この問題に対する企業への認識にも変化を生じさせることとなった。前述したように，それまでの企業への認識は「環境の破壊者」という極めてネガティブなものであったが，温暖化問題などへの社会の関心が高ま

るにつれ，次第にそうしたネガティブなイメージは薄れ，逆に企業の有する技術力や研究開発能力，組織力といった能力に対して期待が高まっていくことになる。その背景には2つの理由が考えられる。

1つは，地域限定の環境汚染問題の場合，環境汚染を引き起こした加害者とそれにより被害を被った被害者の図式が明瞭であり，加害者は例外なく企業であったため，企業＝環境の破壊者のイメージが定着したが，温暖化問題等の地球環境問題のケースでは必ずしもそうした単純な図式で問題を理解することはできない。確かに温暖化の原因とされる二酸化炭素は企業活動の過程で多く排出されるが，家庭からの排出量もまた無視できないレベルである[7]。つまり，温暖化問題において企業のみを悪者扱いにすることは出来ないのである。

もう1つは，地球規模の環境問題を解決するためには現在の社会や経済の有り様を大きく変えていく必要があり，そのためにはダイナミックな技術革新，すなわちイノベーションを起こす必要がある。それを担える担い手は誰か。答えはいうまでもなく企業である。

こうした事情から，企業はそれまでの「環境の破壊者」というイメージを脱却し，徐々にではあるが環境に優しい「環境の救世主」としてのイメージを構築しつつある。

(2) イノベーションの創造と社会経済システムの変革

現在の地球環境問題は地域限定の環境汚染問題とは異なり，エンド・オブ・パイプによる対応のみでは解決が困難である。すなわち，問題を根本的に解決するためには資源の大量使用による大量生産・大量消費・大量廃棄という現行の社会経済システムを変革し，環境に負荷を与えない新たな社会経済システムを構築する必要がある。この新たな社会経済システムは「循環型社会」と呼ばれている。既存のシステムを新たなシステムへと転換するためには，変革を推進するための大きな力が働かなければならない。つまり，既存の秩序を破壊し，新たな秩序を創造する力である。我々の社会は過去に何度もそうした変革を経験してきたが，その原動力となったのはダイナミックな技術革新であった。

Schumpeter（1934）によれば，資本主義経済は約50年の周期で景気の循環を繰り返すが[8]，新たな景気を主導するのは常に技術革新であったという。例えば，18 世紀の後半から 19 世紀の中頃にかけては蒸気機関の発明や機械による綿織物の大量生産により好景気が生まれ，また 20 世紀の前半は自動車の大量生産の開始や化学工業の発展があり，20 世紀の後半はエレクトロニクス，原子力，IT 技術の発展が景気を主導した。そして，重要なことは技術革新により社会変革が起こり，新たなステージへと社会が進化していったことである。20 世紀前半にアメリカで始まった自動車の大量生産は，人々のライフスタイルを大きく変え，クルマ社会と呼ばれる社会を出現させた。また 20 世紀後半のインターネットの普及も社会を大きく変える原動力となった。つまり，革新的な技術の発明と普及，すなわちイノベーションの創造こそが社会を変える原動力であり，それにより社会は進化するのである。我々はそのことを過去の経験則から学ぶことができる。

地球環境問題という新たな課題に直面し，新たな社会経済システムの構築が求められている今，それを可能にするのはやはりイノベーションの創造である。21 世紀前半の景気を主導するのは，環境に配慮した技術革新であり，それが社会に浸透することで「循環型社会」という新たなステージの社会へと進化を遂げることが出来る。イノベーションの兆候は様々な分野で見ることが出来るが，自動車をめぐる最近の動きはその代表例と言える。

自動車は 19 世紀の後半にヨーロッパで開発され，20 世紀の初めにアメリカで大量生産が開始されたが，現在に至るまでその主流はガソリン車である。すなわち，ガソリンを燃料とし内燃機関で燃焼させた時に発生するエネルギーを動力に変えて走行するという仕組みはこの 100 年来変わってはいない。それ故，自動車産業と石油産業は運命共同体の関係にあり，自動車の生産台数が増えれば石油の使用量も増えるという産業構造になっている。しかしながら，石油資源は有限であり増え続ける自動車の需要に対して永遠に応え続けることは出来ない。実際，ローマクラブが 1972 年に警告したように石油資源の枯渇の問題はかなり以前から指摘されており，いずれその日はやってくる。その時にガソリン車の命運も尽きることになる。さらに，ガソリン車の場合，排気ガスによる大気汚染や二酸化炭素の排出による地球温暖化等，環境に悪い影響を与えているという印象は拭えない。

こうした事情から自動車産業は現在「100年に1度」と呼ばれる革命の時を迎えていると言われている。すなわち，100年間続いたガソリン車から別の構造を持つ自動車へと転換しようとする試みである。いわゆる，エコカーあるいは次世代カーの開発と呼ばれる動きがそれであり，世界の自動車メーカーが熾烈な開発競争を繰り広げていることは周知の通りである。そうした中で，世界のトップに立つ日本のトヨタ自動車はハイブリッドカー，プラグイン・ハイブリッドカー，燃料電池車を次々と開発，市販化しエコカー開発の先頭を走っている。さらに，電気自動車については三菱自動車や日産自動車が先行しており，全般的に日本の自動車メーカーの強さが際立っている。

20世紀におけるガソリン車の普及は，我々の社会を大きく変えた。現在の社会は自動車を前提に成り立っている社会であり，企業活動から人々のレジャーに至るまで自動車は社会にしっかり根付いている。その自動車がガソリン車から電気自動車あるいは燃料電池車に変わるということになればそのインパクトは巨大である。それにより，産業の構造が大きく変化することになるだろう。そして環境問題との関連で言えば，石油資源の枯渇，大気汚染，地球温暖化といった問題に対してマイナスの影響を及ぼしてきたガソリン車がなくなり，電気自動車や燃料電池車が主流になればこれらの問題は解決に向けて大きく歩を進めることになる[9]。こうしたダイナミックな社会変革を起こす力を持っているのは企業である。

(3) 「環境の救世主」としての企業観

既存の社会経済システムを創造的に破壊し，新たな社会経済システムを創造する原動力となるのはダイナミックな技術革新であり，その担い手となるのは企業である。温暖化問題を例に挙げると，現在の社会経済システムは温暖化の原因となる二酸化炭素を大量に排出する「高炭素」社会であり，これを二酸化炭素の排出量の少ない「低炭素」社会へと変えていかなければならないが，そのためには「低炭素」をキーワードにした様々な技術革新が求められる。

ここで企業は「環境の破壊者」ではなく，環境問題を解決に導く「環境の救世主」としての役割を果たすことが期待されている。この企業観の変化は様々な状況において確認することが出来る。例えば，企業が「環境の破壊者」として認識されていた時代には企業の社会的責任に関する議論が盛んに行われていた[10]。これらの議論は企業市民やメセナ，フィランソロピーといった企業の社会貢献に関する議論を経て，CSRの議論へと発展していくことになる。その一方で，Porter and kramer（2006，2011）が主張するCSV（Creating Shared Value）の考え方が近年，急速に社会の支持を獲得している。CSVのコンセプトは，企業が追求する経済的価値と社会的課題を解決するための社会的価値を同じベクトル上で捉えようとするもので，両者の関係をトレード・オフではなくウィン・ウィンの関係として認識するものである。こうした考え方が支持を得ている背景には，企業を「環境の破壊者」として否定的に捉えるのではなく，「環境の救世主」としての役割を期待するという企業に対する社会の認識の変化があるものと思われる。

こうした認識の変化は企業とNPOの関係においても表れている。かつて，企業が「環境の破壊者」として認識されていた時代にあっては企業とNPOの関係は敵対的であり，NPOにとって企業は闘うべき相手であった。ところが近年，両者の関係に変化が生じている。NPOと企業が協力して環境問題に取り組むケースが増えており，パートナーシップあるいはコラボレーションといった表現で両者の関係が語られるようになってきている。このことはNPO側が企業を「環境の破壊者」として捉えるのではなく，環境問題解決のために協力すべき相手として認識するようになっていることの表れでもある。

さらに行政と企業の関係についても同様のことが言える。「環境の破壊者」としての企業に対しては行政は厳しい態度で臨んだ。「エンド・オブ・パイプ」のアプローチで企業活動を規制し，違反者に対しては厳しい罰則を科した。しかし今，行政と企業の間にもパートナーシップあるいはコラボレーションの関係が生まれている。例えば，トヨタ自動車が2014年に市販化に踏み切った燃料電池車の普及を後押しするために，政府は水素ステーションの建設を支援しており，また燃料電池車の購入に際しては補助金を支給している。また，自然エネルギーの普及を推進するために太陽光発電等で発電した電気を電力会社に固定価格で買い取らせる固定価格買い取り制度も始まっている。こうした行政による企業支援は「環境の救世主」としての企業の役割に期待し，積極的に支援していこうとする姿勢の表れである。

図 1-2 「環境の救世主」の企業観に基づいた「行政」「企業」「NPO」の関係

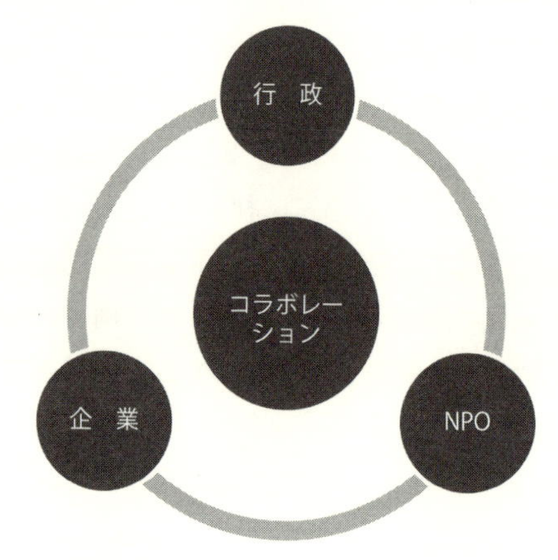

（出所）筆者作成。

3．企業活動と環境問題：2つのアプローチの融合

これまで見てきたように，企業活動と環境問題の関係性は2つの異なる視点からアプローチがなされてきた。すなわち，「環境の破壊者」としての企業という視点からのアプローチと「環境の救世主」という企業観に基づいたアプローチの2つである。この2つのアプローチは相容れない性質のものではなく，共存しているものとして認識されなければならない。つまりAかBかの二項対立の図式で捉えるのではなく，AもBもという二者並列の図式で認識する必要がある。何故なら，2つのアプローチはいずれも企業活動と環境問題の関係性の一面を言い当てており，どちらのアプローチも正しいからである。

確かに近年は，「環境の救世主」としての企業の側面が重視される傾向が強く，技術革新やイノベーションとの関連でこの問題が議論されることが多い[11]。しかしながら，そのことで企業には「環境の破壊者」としての顔もあることを忘れてはならない。2015年9月に発覚したドイツの自動車メーカー，フォルクスワーゲンによる排ガス不正事件はそのことを我々に強く意識させた。この事件の経緯について触れておきたい。

⑴　フォルクスワーゲンの排ガス不正事件

2015年9月18日，アメリカ環境保護局（EPA）はフォルクスワーゲンのディーゼル車の排気ガスに含まれる窒素酸化物の数値に不正があることを公表し，世界に衝撃が走った。排ガス試験時のデータと実際の走行時のデータに最大40倍もの違いがあったのだ。この世界を揺るがした世紀の不正は，ウェストバージニア大学による公道での調査実験から発覚した。無作為にフォルクスワーゲンの「ジェッタ」「パサート」それにBMWの「X5」を選び走行時における窒素酸化物の数値を測定，試験時の数値と比較した結果，「ジェッタ」「パサート」の2車種については試験時の数値の40倍の数値を記録したのである。一方，「X5」に関しては走行時の数値と試験時の数値に差異はなかった。何故，フォルクスワーゲンの2車種のみこれほど数値が異なるのか。不審に思った大学は連邦環境保護局に調査を依頼した。その結果，ハンドルを固定した試験台では排ガス浄化装置が作動するのに対し，ハンドルを動かす路上では装置が作動しない事実が判明した。違法な制御ソフトを使用して，試験時のみ排ガスに含まれる窒素酸化物の排出量を減らしていたのである。窒素酸化物は大気汚染の原因となる有害物資であり，アメリカや日本では厳しい規制がある。規制をクリアするために，試験時のみ浄化装置を働かせ，実際の走行時には浄化装置を働かせずに試験時の約40倍もの窒素酸化物を大気中に撒き散らせていたフォルクスワーゲンの行動はまさに「環境の破壊者」そのものであり，厳しく非難されなければならない。このような形で規制をクリアし，市場に出回っている同社の車は全世界で1100万台にも及ぶという。

この事件で不可解なのは，フォルクスワーゲンが排ガス試験をクリアできるレベルの排ガス浄化装置を備えていながら，発覚した場合，大きな代償を払うことになる不正に何故手を染めたかという点である。アメリカ政府が2009年に導入した環境規制「Tier2Bin5」は，1km当たりの窒素酸化物の排出量を0.044グラム以下に規制するというもので，欧州基準「ユーロ5」より4倍以上も厳しいものであったが，同社の開発した排ガス浄化装置はこれをクリアできるレベルのものであった。従って，走行時においても浄化装置をフルに稼働させていれば何ら問題はないはずであった。それをしなかったのは，走行性能を落としたくなかったからだと言われている。不正事件の発覚当時，フォルクスワーゲンはトヨタと販売台数で世界一の座を激しく競い合っており，販売台数を伸ばすためには走行性能を落としたくなかったのである。アメリカのような長距離走行が一般的な国では，浄化装置をフルに使ってしまうと耐久性に不安が生じる。排ガスの一部をエンジンに戻す再循環装置（EGR）を長距離走行で使い続けると燃費が悪くなり，エンジンが破損する原因にもなる。こうしたリスクを避けるために，今回の不正に手を染めたのではないかと見られている。

フォルクスワーゲンは世界的な自動車メーカーであり，高いブランド力を持つ企業である。またクリーンディーゼル車の開発を積極的に進めており，環境先進企業として社会から高い評価を受けてきた企業である。そうした企業であっても今回のような極めて悪質な事件を引き起こすのである。フォルクスワーゲンの行為は，経済的な利益を優先し汚染物資を河川に垂れ流している悪徳企業の行為と何ら変わりはない。例え，優良企業と言われる企業であっても，企業には経済的利益の前に「環境の破壊者」としての顔を覗かせてしまう危険があることを我々は忘れてはならないのである。

(2)　コンプライアンスの徹底を前提にしたCSV

それでは，企業活動と環境問題の関係性について我々はどのようなアプローチをとればよいのであろうか。これまで述べてきたように，企業は「環境の破壊者」としての顔と「環境の救世主」としての顔という2つの顔を持っている。通常は，「環境の救世主」としての顔を出しているが，時々，「環境の破壊者」の顔を覗かせることもある。従って，我々はこの企業の持つ二面性に的確に対応しなければならない。

前出のフォルクスワーゲンの排ガス不正事件のケースでフォルクスワーゲンに一番欠けていたものは何であろうか。それは，コンプライアンスの意識である。それは，販売台数で世界一になることよりも，優れた技術を開発することよりも大切な企業経営の根幹を成す部分である。環境に関する法規制は年々厳しくなっており，企業にとって法規制を順守しながら利益を上げていくことは容易なことではない。しかしながら，それを怠った企業経営はあり得ない。例えどれほど大きな利益を上げようが，どれほど革新的な技術を開発しようがコンプライアンスの面で問題が生じればそれらは全て台無しとなる。

Porter 等が提唱する CSV の考え方は確かに魅力的である。各国の利害が対立し，遅々として取り組みが進まない温暖化問題をめぐる昨今の状況などを見るにつけ，企業の創造するイノベーションへの期待度は否が上にも高まる。しかしながら，安易な CSV への期待には危険も潜んでいる。企業の追求する「経済的価値」と社会的な課題を解決する「社会的価値」を同一のベクトルに乗せることはそう容易いことではないからである。この点については識者からも同様の見解が出されている。例えば，Andrew et al.（2014）は CSV の問題点として，企業のコンプライアンスを所与のものとして扱っているが，現実にはコンプライアンスが徹底されていない企業も数多く存在し，Porter 等の主張はこの点に関する認識が甘いことを指摘している。また日本でも「CSR と CSV を考える会」が 2014 年 3 月に「CSR と CSV に関する原則」を発表，経済界の一部に見られる「CSR から CSV へ」という空気を憂慮し，① CSR は企業のあらゆる事業活動において不可欠であること，② CSV は CSR の代替とはならないこと，③ CSV は CSR を前提にして進められるべきであること，④ CSV が創造する「社会的価値」の検証と評価が必要であること，という 4 つの原則を提示している。我々のスタンスも基本的にこうした見解と同じである。CSR，とりわけコンプライアンスの問題を所与のものとして重視せず，イノベーションや社会的価値の創造にのみスポットを当てるのは適当ではない。コンプライアンスは企業活動の根幹を成す極めて重要な問題であり，これが徹

図 1-3　コンプライアンスを前提にした CSR，CSV の実践

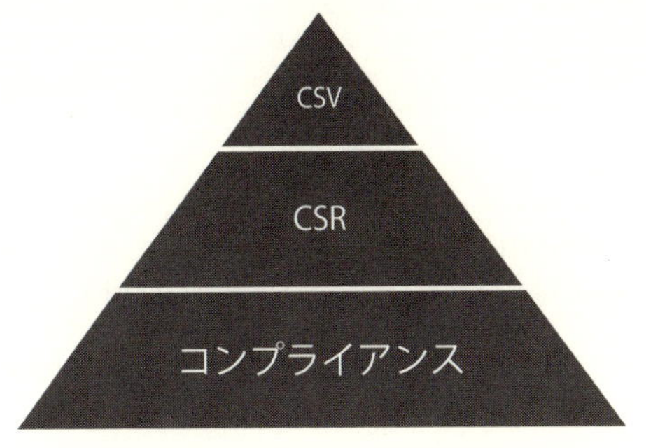

（出所）筆者作成。

底されていることがその他のあらゆる企業活動の前提となる。フォルクスワーゲンの排ガス不正を暴くきっかけを作ったのは，「クリーン交通の国際競技会」（ICCT）というNPOであった。企業の法律順守を監視するのは本来，行政の役割であるが第3セクターとしてのNPOの果たす役割もまた重要である。

さて，我々はコンプライアンスの徹底を企業に求め続ける姿勢を保持しながら，一方で企業に対して「環境の救世主」としての役割をさらに果たすことも求めなければならない。すでに指摘したように，「高炭素」社会から「低炭素」社会への転換というような大きな社会変革は企業の創造するダイナミックなイノベーションなしでは起こり得ない。革新的な技術が創造され，社会に普及した時，社会は新たなステージへと進化するのである。そのためには企業にイノベーションを創造させるような様々な仕組み，仕掛けを考えなければならない。これは企業自身の問題のみならず，行政や消費者の問題でもある。すなわち行政による政策的なサポートや購買行動を通じた消費者による支援などが必要となる。トヨタのハイブリッドカー「プリウス」の成功は，トヨタの努力のみで成し遂げられたものではない。確かにハイブリッドシステムという革新的な技術の開発はトヨタの努力によって成し遂げられたものだが，その普及を後押しするために政府による優遇税制や補助金等の政策的な支援がなされ，消費者の購買意欲が刺激されたからこそ「プリウス」はこれほど社会に普及したのである。つまり，社会変革は「プロダクト・イノベーション」と「ソーシャル・イノベーション」という2つのイノベーションが有機的に連動して初めて実現するものなのである。我々は，企業活動を監視するマインドと企業活動を支援するマインドを状況に応じて使い分け，環境保全社会の構築に向けて努力していかなければならない。

［注］

1　ローマクラブ（Club of Rome）はイタリアのオリベッティ社副社長ペッチェイを主宰者とする国際的な団体であり，世界的規模で経済成長と環境・資源問題を研究し，解決のための提言を行うことを目的にしている。1972年に発表された『成長の限界』（*The Limits to Growth*）は，ローマクラブがMITのDennis, H. Meadowsを主査とするチームに委託してまとめられた報告書である。

2　ソ連をはじめとする社会主義諸国は，環境汚染問題は資本主義特有の問題だとして，会議への参加を拒否した。社会主義諸国の深刻な環境汚染問題が明らかになるのは，社会主義体制が崩壊した後のことである。

3　「グローバル・コンパクト」は2004年に腐敗防止に関する原則が追加され，現在は10原則となっている。
4　CERESはその後，1997年に国連環境計画（UNEP）の協力の下，GRI（The Global Reporting Initiative）へと発展している。
5　但し，水俣病やイタイイタイ病の患者で現在でも苦しんでいる人々がいることを忘れてはならない。
6　グリーンピースやドイツのBUNDなどのNPOは，環境保護と企業批判を活動の柱として設立された団体である。
7　日本では二酸化炭素の総排出量のうち家庭からの排出量は約15%を占めている。
8　資本主義経済が約50年の周期で景気の循環を繰り返すことを最初に主張したのは，旧ソ連の経済学者ニコライ・コンドラチェフである。シュンペーターはこの50年周期の景気循環を「コンドラチェフの波」と命名した。
9　トヨタ自動車は2050年までにガソリン車の生産をゼロにすることを目標に掲げている。
10　例えば鈴木幸毅『環境問題と企業責任　増補版』中央経済社，1994年；青山茂樹「地球環境問題と企業の社会的責任，社会貢献」林正樹・坂本清編著『経営革新へのアプローチ』八千代出版，1996年；所伸之「環境の世紀と日本企業の行動」長谷川廣編著『日本型経営システムの構造転換』中央大学出版部，1998年等の研究がある。
11　例えば植田和弘・國部克彦・岩田裕樹・大西靖『環境経営イノベーションの理論と実践』中央経済社，2010年などがある。

［参考文献］

Carson, R., *Silent Spring*, Houghton Mifflin Company: Boston, New York, 1962.
Crane, Andrew, Palazzo, Guido, Spence, Laura J. and Matten, Dirk, "Contesting the Value of the Shared Value Concept," *California Management Review*, Vol. 56, No. 2, 2014.
Meadows, D. H. et al., *The Limits to Growth*, Universe Books: New York, 1972.
Porter, M. E. and Kramer, M. R., "Strategy and Society: The Link Between Competitive Advantage and Corporate Social Responsibility," *Harvard Business Review*, December, 2006.
Porter, M. E. and Kramer, M. R., "Creating Shared Value," *Harvard Business Review*, January-February, 2011.
Schumpeter, J. A., *The Theory of Economic Development: An inquiry into Profits, Capital, Interest, and Business Cycle*, Harvard University Press: Boston, 1934.（塩野谷祐一・中山伊知郎・東畑精一訳『経済発展の理論：企業者利潤，資本，信用，利子および景気の回転に関する一研究』岩波書店，1977年。）
青山茂樹「地球環境問題と企業の社会的責任，社会貢献」林正樹・坂本清編著『経営革新へのアプローチ』八千代出版，1996年，333-364頁。
鈴木幸毅『環境問題と企業責任（増補版』中央経済社，1994年。
所伸之「環境の世紀と日本企業の行動」長谷川廣編著『日本型経営システムの構造転換』中央大学出版部，1998年，57-82頁。
植田和弘・國部克彦・岩田裕樹・大西靖『環境経営イノベーションの理論と実践』中央経済社，2010年。

Column：BOP ビジネスと CSV

CSV が注目されている背景には，世界の貧困問題をビジネスの手法を使って解決することへの期待がある。いわゆる BOP（Base of the Pyramid）ビジネスと呼ばれるものである。世界人口約 70 億人のうち約 40 億人が貧困層であると言われ，「富める者」と「貧しい者」の貧富の格差は拡大している。従来，こうした問題への対応は「援助」という手法が用いられてきたが，問題の根本的な解決には至っていない。これに対してバングラディシュの「グラミン銀行」の成功例に見られるように，ビジネスの手法は大きな可能性を秘めている。また，先進諸国の企業にとっては未開拓市場の開拓という戦略的な意味合いもある。

果たして，BOP ビジネスは貧困問題の解消という社会的課題を解決できるのであろうか。

第2章
日本企業の環境経営と収益性の関係

キーワード：持続可能な社会と企業経営，環境経営と収益性，環境経営の導入理由

1．企業がなぜ環境経営を行わなくてはいけないのか？

企業における環境管理という言葉は日本では1970年代に新聞紙上に登場するが，生産設備から出る化学汚染物質の管理という意味であった。1980年の「世界環境保全戦略―持続可能な開発のための生物資源の保全」，1987年，国連「環境と開発に関する世界委員会（WCED)」などを通じて「環境」という言葉が一般的になってきたが，これらの会議において産業関係者は積極的にこの問題に関与すべきである旨明示されていて，一部の大企業が1980年代末から環境管理を発展させ環境マネジメントへの展開を開始している。90年代に入ると「環境問題」は世界的な注目事項となる。1992年のブラジル，リオデジャネイロの地球サミットにおいて採択された，「リオ宣言」，「アジェンダ21」での企業が環境問題に積極的に関わらなくてはならないという主旨を受けて，BCSD（Business Council for Sustainable Development）からISO（国際標準化機構）へ環境マネジメントの標準化の要請が行われ，1993年にISOにおいてTC207という専門委員会が置かれ，そこで環境マネジメント規格作りが行われた。この規格の母体となるのが1992年にイギリスが策定した環境マネジメント規格BS7750で，ISO14001はBS7750にPDCAサイクルを追加し組織の継続的改善を盛り込んだ。同時期にEUでは1993年に企業の自主的な取組としてEMAS（Eco-Management and Audit Scheme）が策定された。これはISO14001よりもさらに踏み込んで環境パフォーマンスの報告と公表，Audit（監査）が求められた。

1996年に発行され認証が開始されたISO14001であるが，その規格意図は

ISO14001：2004の規格文章の概要において，「環境マネジメントに関する規格には，他の経営上の要求事項と統合でき，組織の環境上及び経済上の目標達成を助けることができる効果的な環境マネジメントシステムの諸要素を組織に提供する意図がある」としている。

日本企業のISO14001の認証比率は図2-1のように2006年まで増加傾向であった。1996年の認証が開始されてから日本の認証数は世界一であったが，2007年に中国が世界一になる。2014年の世界での認証数は，中国11万7758，イタリア2万7178，日本2万3753，英国1万6685，スペイン1万3869で，日本の最大認証数は2009年の3万9556である。

ISO14001の実践が企業における環境影響削減に貢献するかということであるが，Arimura et al.（2008）の研究（n＝1499）では，ISO14001の認証企業は資源利用量と固形廃棄物の削減に影響があることを明らかにしている[1]。Yin and Schmeidler（2009）の研究では米国における2006年時のISO14001の実践とその効果は企業毎に違うことが報告されている[2]。岩田等（2010）研究（n＝216）では，ISO14001を認証取得している企業ほどPRTR対象物質であるトルエン排出量が少なく，日本においてISO14001はトルエンの排出量の

図2-1　日本企業のISO14001の認証状況

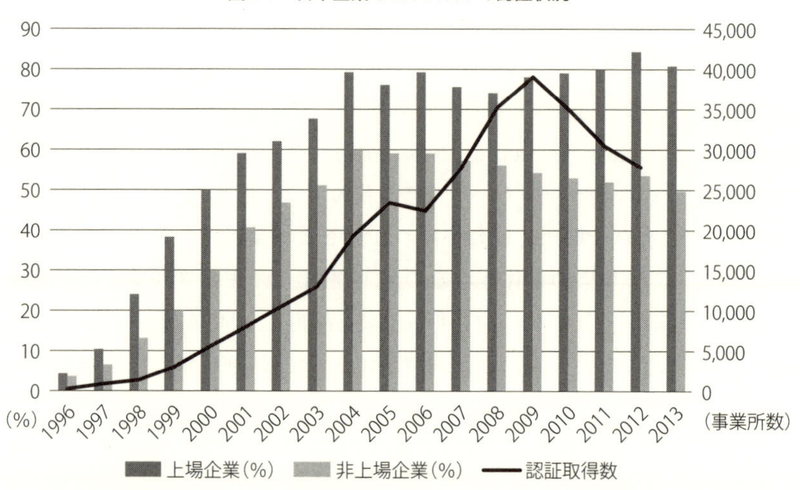

（出所）環境省環境にやさしい企業行動調査結果（平成25年度における取組に関する調査結果），ISO Surveyのデータから筆者作成。

削減に有効に機能していることも明らかとなった[3]。

ISO14001 の実証研究において，企業毎の取り組みの違いはあるものの，導入している企業の環境影響削減効果はなんらかの形であると推察できるが，2009 年からの日本の認証数の減少は，各工場での認証から企業がそれらのサイトを統合して認証取得をするという傾向があるにせよ大きな認証減となっている。非上場企業での導入も半数で足踏み状態である。ISO14001 といった，環境マネジメントシステムの導入は環境政策論におけるボランタリーアプローチ（自主的取り組み手法）であり，規制的手法（法制度などによる規制），経済的手法（環境課徴金）による，企業活動の制約と制約からの対応を促すものでなく，企業の意思決定により行われるマネジメント活動の一環である。

図 2-2 で，京都議定書の温室効果ガス削減基準年である 1990 年から 2014 年までの部門別 CO_2 間接排出量（単位：百万トン CO_2）で示した。直接排出では，エネルギー産業部門からの CO_2 排出量が全体の 43%を占めてしまうため，そのエネルギーを利用している部門に割り振る間接利用を見ることで，部門における生産・消費の CO_2 排出量を把握することができる。産業部門は 1990 年比 6.5%の減少であるが，業務その他部門（商業・サービス・事業所

図 2-2　部門別 CO_2 排出量の推移（1990-2014 年度（速報値））

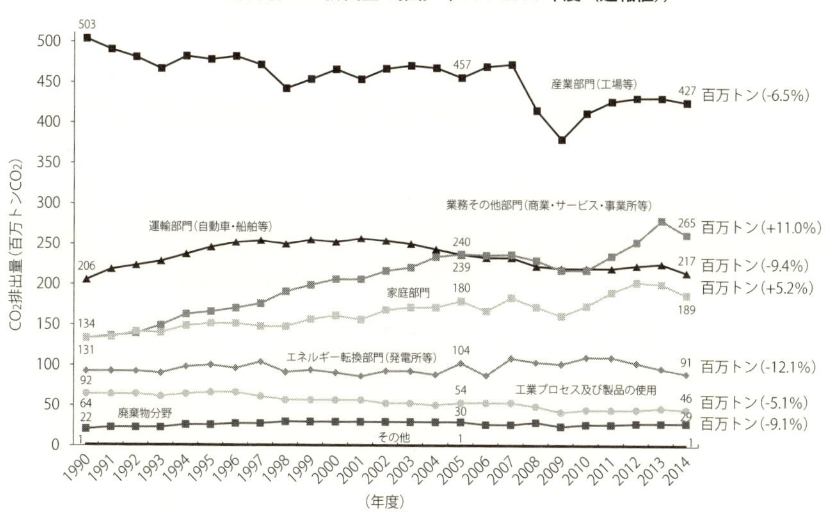

（出所）国立環境研究所

等）は同比11％の増加をしている。同様に，運輸部門も増加している。家庭部門は，5.2％増加している。ライフスタイルが，化石燃料を基本とした物質・エネルギー多消費パターンに変化したともいえる。生産に関する部門と家庭部門のCO_2排出比率は85対15で，生産・流通・サービス提供設備の環境配慮が多く求められ，持続可能な消費と生産を基とした，「持続可能な社会」構築には企業活動の変化が強く求められる。

持続可能な社会とは，2005年の第3次環境基本計画において，「健全で恵み豊かな環境が地球規模から身近な地域までにわたって保全されるとともに，それらを通じて国民一人一人が幸せを実感できる生活を享受でき，将来世代にも継承することができる社会」とされ，具体的には2007年の21世紀環境立国戦略において，「低炭素社会，循環型社会，自然共生社会づくりの取組を統合的に進めていくことにより地球環境の危機を克服する持続可能な社会を目指す」ことが明示された。加えて持続可能な社会実現には，企業活動に留まらず市場，社会における環境と経済の好循環の創出が重要なポイントとなる。

2014年の中央環境審議会の意見具申「低炭素・資源循環・自然共生政策の統合的アプローチによる社会の構築～環境・生命文明社会の創造～」において，環境・経済・社会の統合的向上を進め「将来に亘って続いていく真に持続可能な循環共生型社会」（環境・生命文明社会）の実現が提言されている。経済面での将来ビジョンでは「金融機関や企業・家計に潤沢に存在する資金が，巨大市場を有する低炭素分野を始めとした環境投資に活用され，成長分野として経済を牽引している。また，消費者にとって魅力的な環境付加価値が財・サービスに適切に反映され，高付加価値消費と高賃金の好循環が実現している」とされており，環境によるイノベーション（構造的革新，新しい生産方式の導入）が求められるビジョンになっている。社会が達成すべき環境サステナビリティの確保のための企業活動と環境サステナビリティの関係性は「企業の環境配慮の「生産」と「経営」の全領域を包摂し，この意味で企業の環境貢献，したがって環境サステナビリティ貢献である」と鈴木（2012）[4]に環境社会責任論の視点から詳述されている。2016年11月のパリ協定の発効は世界規模での温室効果ガス削減を目指す，人類の大転換となるもので，今世紀末には産業革命以前の気温の2℃上昇（目標として1.5℃）に留めることに合意し，各国が削減目標を提示することになる。この協定ではこれまでの「共通だが差異のある責任」という気候変動枠組み条約の概念を乗り越え中国，インドを含む新興国の多くが参加を表明し「世界共通の責任」へと変化している。とはいえ，新興国が削減を本格化するのは2030年以降となる。日本においては政府公約として2030年度に2013年度比マイナス26.0％削減を掲げており，全世界では2050年に半減，それに伴い先進国は70～80％の削減が必要であると考えられる。また同協定の目標を達成するには，今世紀終わりには化石燃料を使わない脱化石燃料社会システムを構築することが求められ，自動車産業や電力会社等で大きな生産活動の変更が行われることが考えられる。

気候変動問題の解決とともに生物多様性の減少を食い止めることも大きな課題である。政府，生物多様性国家戦略2012-2020において，2050年に向けての長期目標「生物多様性の維持・回復と持続可能な利用を通じて，わが国の生物多様性の状態を現状以上に豊かなものとするとともに，生態系サービスを将来にわたって享受できる自然共生社会を実現する」，2020年に向けた短期目標「生物多様性の損失を止めるために，愛知目標の達成に向けたわが国における国別目標の達成を目指し，効果的かつ緊急な行動を実施する」とされ，日本における生物多様性の維持・回復と持続可能な利用の確保が求められている。ここでは，法的な制約が少なく実態が見えにくい「生態系サービス」の持続的な享受がポイントとなる。生態系サービスとは生物多様性国家戦略2012-2020では2005年の国連ミレニアム生態系評価を援用し，以下のように説明されている。「食料や水，木材，繊維，医薬品の開発等の資源を提供する「供給サービス」，水質浄化や気候の調節，自然災害の防止や被害の軽減，天敵の存在による病害虫の抑制などの「調整サービス」，精神的・宗教的な価値や自然景観などの審美的な価値，レクリエーションの場の提供などの「文化的サービス」，栄養塩の循環，土壌形成，光合成による酸素の供給などの「基盤サービス」の4つに分類しています」。4つの供給・調整・文化的・基盤サービスは企業活動のINPUT（ソフト・ハードの資源）として必須のものであることは疑う余地はなく，生態系の中の企業のあり方が求められている。

気候変動，生物多様性の低下といった諸問題を解決した「持続可能な循環共生型の社会」の構築には企業の環境配慮活動のみならず，企業生産方式の抜本的な転換，積極的な環境問題解決への投資が必要となる。

さらには，家庭部門からの排出 CO_2 は，1990年比で5.2％の増加と大きく，企業のみならず，家庭においても環境配慮型の倫理的（エシカル）な持続可能な消費が求められる背景となる。持続可能な消費とは，前出の中央環境審議会「低炭素・資源循環・自然共生政策の統合的アプローチによる社会の構築」における循環共生型社会の概念を援用すると，「環境への負荷をできる限り少なくし，循環を基調とする経済社会システムを実現する」消費といえる。国連においても，2015年に批准されたThe Sustainable Development Goals（SDGs）の12. Ensure sustainable consumption and production patternsという大項目があり，2030 Agenda for Sustainable Development aimsのParagraph 28で以下のように説明されている。"We（Countries）commit to making fundamental changes in the way that our societies produce and consume goods and services. Governments, international organizations, the business sector and other non-state actors and individuals must contribute to changing unsustainable consumption and production patterns, including through the mobilization, from all sources, of financial and technical assistance to strengthen developing countries' scientific, technological and innovative capacities to move towards more sustainable patterns of consumption and production. We encourage the implementation of the 10-Year Framework of Programmes on Sustainable Consumption and Production. All countries take action, with developed countries taking the lead, taking into account the development and capabilities of developing countries." このアジェンダでは，すべて（all sources）を動員し生産と消費の抜本的な変化が必要であるとし，先進国は特にそれをリードすべきだとしている。今後，持続可能な生産と消費に関する具体的活動が国際社会において大きなうねりとなることが考えられる。

2．なぜ企業が環境配慮を行うのか[5]

大企業では，企業における環境配慮はコストであるという捉え方から「戦略」としての環境配慮へととらえ，環境配慮活動を市場における競争要因とし「投資」と捉えてだしている。このような企業態度の変化が環境経営の１つの現象として現れてきてはいる。その理由を以下検討してみる。

⑴　深刻な地球環境問題の進行

温暖化や生物多様性の減少など企業をとりまく環境が大きく変化してきた。激烈な産業公害問題を各種法制度への順応と莫大な資金を投じた公害技術の導入により乗り越えてきたが，現在，化石エネルギーの大量利用，産業構造及びライフスタイルが原因となる地球規模での構造的環境問題に直面している。「組織は社会環境と市場及び組織間環境という不確実性に適応し組織構造を変化させる」というバーンズ&ストーカー[6]の統合コンティンジェンシー・モデルを持ち出すまでもなく，各種環境法整備による制度の変化，市場における製品選好の変化，CSRといった社会の企業に求める代位的責任の重さの変化，企業のもつ情報とその透明性を求めるという変化など，企業環境を取り巻く外部一般環境及び市場・組織間の変化により，企業が目標・戦略・技術を変えるというのは必然の行動である。

⑵　コンプライアンスとリスクマネジメント

法令順守は当たり前のこととなってきているが，未だ法令が守られていない事例は多く企業不祥事の報道は続いている。しかし，マスメディアとインターネットが世の中の情報を包囲する時代において，企業不祥事に関する情報は取引先・消費者にすぐにもたらされる。このような事態は致命的な企業経済の停滞につながり，かつ企業価値及びその経済的価値を下げている。フォルクスワーゲンや三菱自動車の燃費偽装問題では市場における製品シェアの下落を起こし，また環境問題を引き起こした場合は，自然資産の本質的な損失につながり，その修復費用への負担（課徴金・罰金）といったことにもつながる。このような状況において企業リスクマネジメントとして環境等の法令順守を行い，高い倫理性を持った企業経営は企業における初期的な環境管理（公害対策）を実装させるとともに，予防原則を履行するリスクマネジメントとなり，企業の持続性を高めるという効果をもたらす。これも企業は外部一般環境に適応しているといえる。

(3)　ステークホルダー（利害関係者）要求と企業の社会的責任

最近の企業を巡る社会性に関し，市民，行政，国際社会といったステークホルダーからの要請は強まっている。21世紀に入って起こったCSR熱は，米国の企業不正会計事件（エンロン－ワールドコム事件）により火が付いた。大企業である両社が不正会計から倒産となり，利害関係者（ステークホルダー），特に株主（シェアホルダー）に大きな損失と影響を与えた。これらの反省と再発防止のためにコーポレートガバナンス（企業統治，内部統制）の必要性が問われ，米国では2002年にSOX（サーベンス・オックスレイ）法が施行された。2010年に発行のISO26000では，組織統治はあらゆる組織の中核的な機能とされ，それを実現するためのマルチ・ステークホルダー・パートナーシップ，つまり企業と各種ステークホルダーの協働が求められることとなった。このような背景から，昨今では「現代企業はステークホルダー支配企業である」ともいえ，「ステークホルダーズとの社会的契約を前提とした経営者支配」というモデルが提示できる。これはステークホルダーズ全体の利益が守られてこそ企業が存続できる，つまり企業が広く社会的責任を認識し，実行する経営を行うという状況に変化している。ステークホルダー重視経営へと移行しているという見方もできる。これも現代企業は外部一般環境に深く，細部にわたって適応しているといえるだろう。

(4)　経営戦略としての環境配慮

市場において企業は常に競争をする。市場での競争優位を取る戦いにおいては，環境配慮もその競争手段である。ここで重要なポイントは，企業の環境配慮活動に環境付加価値を適切に組み込んだ財・サービス市場の拡大（先導的低炭素技術，環境付加価値製品（環境配慮型製品），グリーンベンチャービジネス，モビリティの低炭素化や低炭素型の建築物など）はコスト削減及び，付加価値の創造と新しい市場を生むと考えられ，企業のビジネス側面における環境経営の重要な視点である。企業活動の営利性と環境保全活動のトレードオフの解消へと今まさに現代企業は取り組まなくてはいけないと言える。また，栗田等（2002）では，企業イメージの悪化，優秀な人材確保ができない，社会・業界での評価が下がり影響力の低下などが21世紀初頭における環境経営導入の背景と指摘されている[7]。中丸（1995）では，BCSD（Business Council for Sustainable Development）の結論を紹介していて，企業の環境行動の動機として，資金の不足，知識の不足，経営態度が問題であると指摘し，結局は環境経営への「願望を持つかどうか」であるとしている[8]。

3．環境経営と企業経済性の関係

現在，企業の標準的な環境経営ツールであるISO14001では規格文章において環境目標と経済目標の達成という2つの目的を掲げている。企業の環境配慮のための管理（マネジメント）だけを考えたものではない。企業での環境経営活動が，企業業績とどのような関係にあるのかは企業経営者には大きな関心事であり，良好な環境経営活動が企業業績を押し上げるという効果が判明すれば，企業における環境経営への意思決定において，さらなる環境経営への投資を生むことになり，企業の環境影響を削減するという好循環になると考えられ，そのような企業が多数になると持続可能な社会確立へ大きな貢献となる。環境配慮活動への投資が企業業績にどのように関係するかということは経営学研究にとどまらず社会科学の研究において大きな課題である。

では，どのように環境経営活動が企業業績に影響を与えていることを測定することができるのか。環境会計により，企業の環境経営活動を定量的に把握することは可能である。日本政府による，2005年発行の環境会計ガイドラインにおいて，環境会計の必要性として，以下をあげている。「環境保全への取組状況を定量的に管理することは，事業経営を健全に保つ上で有効です。すなわち，企業等が環境保全に取り組んでいくに当たって，自らの環境保全に関する投資額や費用額を正確に認識・測定して集計・分析を行い，その投資や費用に対する効果を知ることが，取組の一層の効率化を図るとともに，合理的な意思決定を行っていくうえで極めて重要となります」。

環境会計においてその投資や費用に対する効果を知る，としているが，実際には企業の業績，収益性への貢献を説明することは環境会計においては限定的である。つまり，環境経営活動そのものが直接の企業業績向上につながるものではなく，環境経営活動の効果の検証は，環境経営活動の結果としての環境影響削減数値と，企業業績（例えばROA＝総資産利益率）を統計学の回帰分析を行うことで，その関係性を明らかにすることができる。しかし，それは単なる統計学的な関係性を示すものであり，真の因果関係を示すものではない。これを明らかにするには，各企業が環境経営という新しい経営活動をしようとした（選択した）意図が重要になる。前節では，マクロの視点から社会背景からの理由を3つ，戦略的な理由を1つあげたが，本節では，企業の環境経営を行う理由と企業業績に関して掘り下げてみたい。

日本の環境経営が本格化してきたのは，1990年代の終わりであるので，そのころの企業の環境経営を行う理由を見てみると以下となる。

日本適合性認定協会の2001年発行「ISO14001運用状況調査報告」によると，ISO14001を審査登録する際に重視した項目（n＝1074）において，上位3位は社会的責任（37.5%），企業イメージの向上（16.9%），地域環境への配慮（10.8%），マーケットニーズや顧客の要求への対応（7.0%）であり，新しいビジネスチヤンス，他社との競争優位に立つため，自社の事業存続への対応は低い結果となっている。この調査からわかることは，当初の企業の環境経営の導入動機は，企業の社会的責任（地球環境問題対応が含まれている），企業イメージの向上，地域環境への配慮であり，直接的な企業の経済的な業績向上を意図していない。つまり，社会的責任としての企業の環境影響削減を大きな目的としており，経済的な業績向上を意図した企業は少ないと言える。同報告書による自己申告でのISO14001を取得してから現在までの業績（利益）の平均的な変化（n＝1046）は，「横ばい」とみているものは（40.2%），「かなり改善」（6.2%），「やや改善」（19.4%），「改善」（25.6%）となっている。2001年は2008年までの企業業績が上昇するいざなみ景気の傾向が出てきた年であり全産業でROAが向上しだしている。つまり，ISO14001を導入直後に直接企業業績に影響を与えることは考えにくく，景気によることも十分考えられる。

環境経営が企業業績に与える直接的な影響は，環境影響削減のためのエネルギーの効率的利用によるエネルギー利用量の削減，原材料の効率的利用による廃棄物の削減による廃棄物処理量の削減とともに原材料の歩留まりをあげることで資源生産性の向上を図ることができる。しかし，高効率エネルギー利用のための機器の導入，新しい環境配慮資源の導入や歩留まりをあげるためのシステムの向上，環境マネジメントシステムの導入と運営には投資費用がかかり企業業績には短期的にマイナスとなる。

Nishitani（2011）の理論モデルを使った1996年から2007年の日本の製造業の環境マネジメントシステムの実践と需要増と生産性の改善（n＝871）の研究では，環境マネジメントシステムの実践をしている企業は需要増と生産性の改善が認められるとしており，当初の2年間生産性の改善のタイムラグがあることがわかった。また同研究によると，製造業という限定はあるがISO14001導入直後は，エネルギー利用削減，資源利用削減によりISO14001導入コストである規格認証，コンサルティングコストを上回るとしている。紙・ごみ・電気という本業ではないところでの実施しやすいISO14001の運用は2〜3年でその削減効果は頭打ちになるとしている[9]。本研究から，2000年代中葉からのISO14001の返上や総取得数の鈍化が説明できる。

またYin and Schmeidler（2009）の研究では米国における2006年時のISO14001の実践とその効果は企業毎に違うことが報告されている[10]。

環境経営研究においては，業界特性，企業毎特性を考慮しなくてはならず，また環境経営活動の結果と企業業績を検討するには，社会的動向，経済的動向を勘案しなくてはいけない。

なお，本章における環境経営とは手法としての環境マネジメントだけでなく環境戦略，環境コミュニケーション，環境組織（人事），環境会計，環境法務なども含み，環境意志決定を特に注視するものである。

4．環境パフォーマンスと企業パフォーマンスの関係性
―先行研究からのサーベイ

Elsayed et al.（2005）では，Britain's Most Admired Companies（BMAC）をUK25部門から10社ずつの計227社（欠損値23）を調査し，environmental responsibility scores（1994-2000）を環境パフォーマンスとして，経済指標をトービンのq，ROA，ROSとしピアソンの積率相関分析を行った結果，正の有意な相関があることが分かった。また，lagged environmental performanceとROAに弱い負の相関があることが示された。業種別では化学，通信業が正の相関があり，繊維業，衣服，金属，自動車産業で負の相関があった[11]。

Darnall et al.（2008）では，OECDのデータを用いてカナダ，ドイツ，ハンガリー，アメリカの製造業においてEMSを導入することで経済性が改善されるかどうか分析した結果，より包括的なEMSを導入することで経済性が高まることを示した[12]。

Orlitzky et al.（2003）では，1970年代から30年間，3万3878事例に関する52の先行研究の結果を対象に社会パフォーマンスと経済パフォーマンスの関係を分析し，両者にはポジティブな相関があると示した[13]。

Innovest（2004）の調査では，60編の文献調査・ケーススタディのうち，85%で環境ガバナンス水準と財務パフォーマンスにポジティブな関係があり，相関が強いと考えられる。また同報告では以下のように説明がなされている。環境配慮に手厚い経営方針や関連の事業の進め方，環境関連の各種のパフォーマンスが良好な企業は，財務パフォーマンスも良好となる可能性が高く，その相関は環境面での評価が高い企業と低い企業とを対照させてみるとより明らかに表れる傾向にあると述べている[14]。

川原（2008）は，企業の環境業績と財務業績との関係の論文についての有用なレビューをしており[15]，その中でDowellらの2000年の研究[16]は1994年から1997年の米国の代表的な多国籍企業500社を対象に，企業がより厳しい環

境基準を設定している場合，していない企業と比較して収益性が高い結果を示した。また市場評価が低い企業はより低い環境基準をとりがちで，短期のコスト削減に走りがちで長期の環境配慮投資に意義を見出さず，事業経営もうまくいかないという結果が出た。さらに市場評価の高い企業はそうでない企業に比較して環境汚染の程度が低いという結果も示している。米国の多国籍企業500社では，積極的に環境配慮に取組もうとする企業は高い収益性を持っている事が示された。また同論文に紹介されたMurrayらの2006年の研究[17]では，長期の時系列での研究を行っている。英国社会環境会計研究会の社会環境情報の開示データベースと英国大企業1000社の投資市場で高い投資収益を示す企業は，高い社会環境開示を示していること，低い投資収益を示す企業は，低い社会環境開示をしている傾向があるという相関関係が見られた。

米国，英国の2つの研究から，両国では長期的に環境配慮に取組んでいる企業が高い収益を出していると言える。また，長期的に高い収益を出しているために環境配慮に取組むための資金を捻出できているとも言える。

日本企業を事例にした研究では，馬奈木（2010）は，企業の公開している2002年度（37社），2003年度（34社）の環境報告書に記載されているCO_2排出量とROCE（使用資本利益率）には，有意な関係は無いと述べている[18]。また，豊澄（2007）は，企業の公開情報（2001年～2002年）を基に環境経営戦略と企業業績の関係を，競争優位獲得の観点から分析している。温暖化対策とROAには有意な関係は無いと述べている。また，温暖化対策とROEにマイナスの有意な影響があり，温暖化対策には多額のコストがかかり，短期的には企業業績が低下するために温暖化対策はROEにマイナスの影響を与える結果が表れたのであると考察している[19]。Iwata and Okada（2010）は2004～2008年の日本の製造業における環境パフォーマンスと財務パフォーマンスとの関係について分析し，温室効果ガス削減は株主資本利益率（ROE）を高めるが，企業価値を示すトービンのqの自然対数値は減少させると述べている[20]。

阪（2012）は，CO_2排出量を削減するためにはコストがかかり，企業経営にマイナスの影響を及ぼすと思われている。しかし，CO_2排出量を削減した企業や削減対策を実施する企業は，将来コストを下げるという点から評価され，企業価値が上昇しており，環境と経済がwin-win関係にあるというポーター仮説が成立しつつある，と記している[21]。

企業の環境配慮と経済性についての既往研究では，政策において環境基準を設けることで収益が上がるとする研究結果を示したDowell et al.（2000）や，社会環境情報開示が投資収益と正の相関があるとする研究結果のMurray et al.（2006），環境ガバナンス水準と財務パフォーマンスがポジティブであるという研究結果Innovest（2004）がある。一方で京都議定書が発効される2005年以前のデータを扱った豊澄（2007）や馬奈木（2010）の研究では，企業の温暖化削減と企業財務には関係はないとされている。しかし，Iwata et al.（2010）の2004～2008年のデータを扱った研究では，日本の製造業におけるGHGs削減は株主資本利益率（ROE）を高めるという結果から，企業の地球温暖化に対する意識，取り組みがこの十数年で変わってきていると予想される。また，近年ではCSR活動と企業業績の関係の研究論文が多数発表されてきており，Orlitzky et al.（2003）では財務的パフォーマンスが良好であれば，社会的責任分野面での評価を高める資金的余裕があり，また，社会的責任分野面で良好であれば，財務パフォーマンス面にも良い影響を与えうるとすると考察している。

5．日本企業320社の経済活動（ROA）と地球温暖化対策（GHGs排出量の増減）の調査[22]

以下，著者の研究グループによる研究成果の説明を行う。

(1) 分析期間

2000～2012年度を分析対象期間とする。また，2005年に京都議定書が発効され，京都議定書の目標達成を具体化するために省エネ法が改正された。この省エネ法が実施されたのは2006年度からであるため2005年度を1つの区切りとし，分析期間を2000～2005年度，2005～2012年度の2期間，通年の2000～2012年度とする。

⑵　取扱う指標について

・ROA

ROAを本研究の指標としている点は，中原（1999）[23]を参考にした。ROAは，総資産利益率で，企業の所有する資産からどのくらいの利益を出しているかを見る指標であり，ROA＝(当期純利益÷総資産)×100％で計算する。投下資本に対し何％の利益を上げているかを見るものである。ROEは株主資本利益率で，株の取引においては企業の利益率を上げる活動よりも大株主である機関投資家の意思決定により変動する可能性があり，本調査では企業の環境配慮活動の相関を見るために用いていない。

・GHGs排出量

環境省の温室効果ガス排出量算定・報告マニュアル報告に準拠し，温室効果ガスはCO_2（エネルギー起源CO_2及び非エネルギー起源CO_2），CH_4，N_2O及びいわゆる代替フロン等4ガス（HFCs，PFCs，SF_6，NF_3）の排出量を扱う。GHGs排出量削減について，多くの企業はGHGs総排出量ではなく売上単位当たりでの削減を目標としている。しかし，地球温暖化において，国際的に総量での削減が求められるため，GHGs排出量の絶対値を用いた。単位はmillion t-CO_2である。

⑶　対象企業

環境報告書プラザ（経済産業省）より，2012年度にCSR・環境報告書を発行している日本企業のうち，無作為抽出により320社を対象とした。

⑷　分析方法

分析には重回帰分析を使う。「従属変数」にGHGs排出量の増減をダミー変数として（削減していれば1 or 増加していれば0）とり，「独立変数」をROAとしさらに，従業員数の増加率，売上高の増加率を加え，最小二乗法を用い線形回帰直線の傾きを求めた。他の企業活動（売上高，従業員数）を分析の信憑性確認も含めて変数とし，重回帰分析を行い，影響関係と共変関係のパス図を作成した。

(5) 分析結果

表2-1の重回帰分析の結果，図2-3のパス図が示され，2000～2012年度の期間において日本企業の環境配慮（GHGs排出量の削減）と収益性（ROA）には正の有意な相関があることがわかった。したがって，企業がGHGs排出量の削減を行うことによるコストが企業業績に影響することはなく，業績をプラスにすることが可能である。これは生産効率が上がり，ROAが上昇，GHGs排出量が減少していることを意味する。反対に生産効率が悪くなることでROAが下がりGHGs排出量が増加すると考えられる。また，従業員数が増加，売上高が増加すると，GHGsの排出量は上がる。

表2-2に各期間における収益性と環境配慮の関係を示す。2000～2005年度の期間では，ROAには優れるがGHGs排出量を削減できていない企業が多く存在するため，豊澄（2007），馬奈木（2010）の研究結果が支持され，追検証ができた。2000～2005年度の期間でGHGs排出量のデータがない企業は，133社存在し，この133社のうち2005～2012年の期間で業績がマイナス成長の企業は83社と多く存在することから，Murray et al.（2006）の研究の情報公開

表2-1　従属変数にGHGs排出量の増加率を用いた重回帰分析の結果

	2000～2012年		
	係数	標準誤差	
ROAの成長率	0.120	0.061	**
従業員数の増加率	−0.188	0.081	**
売上高の増加率	−0.140	0.074	*
定数	0.767	0.071	
サンプル数	246		

***p<0.01 **p<0.05 *p<0.1

図2-3　従属変数にGHGs排出量の増加率を用いた重回帰分析のパス図

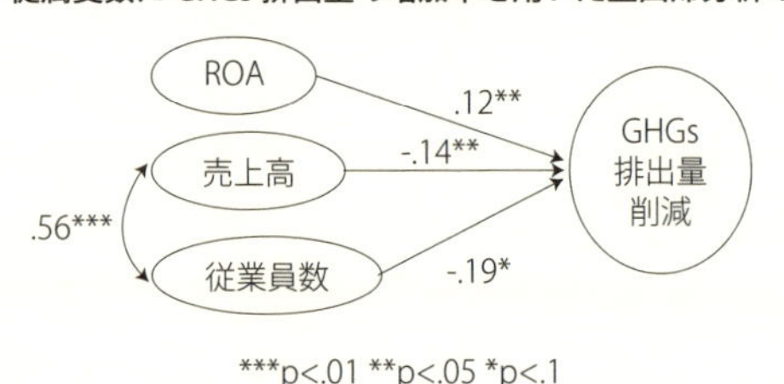

***p<.01 **p<.05 *p<.1

表 2-2　収益性（ROA）と環境配慮（GHGs 排出量の削減）の関係

単位：社

	2000～2005 年度	2005～2012 年度	2000～2012 年度
収益性○環境○	64	67	104
収益性○環境×	89	23	56
収益性×環境○	6	126	67
収益性×環境×	14	70	59
データなし	133	16	16

（注）ROA が増加傾向＝収益性○，GHGs 排出量を削減＝環境○
　　　ROA が減少傾向＝収益性×，GHGs 排出量が増加＝環境×

と収益性の関係性も追検証できたことになる。

⑹　検証と仮説モデルの提示

統計学的な相関があるからといって，因果関係が判明したわけではない。回帰分析により 10 年を超える長期の日本企業の環境配慮活動（GHGs の削減）と企業業績に相関があるということが分かったに過ぎない。因果関係を説明するためには，古くから統計学では以下 5 つの要素があるとされる。① 関連の密接性，② 関連の普遍性，③ 関連の特異性，④ 関連の時間性，⑤ 関連の合理性の 5 つである（重松 1977）[24]。以上の因果関係に関して，本調査では，①は統計的に有意な相関を確認している。②に関しては Innovest（2004）より，外国でもその相関が認められている。③，④については長期研究の成果である Orlitzky et al.（2003）より，相互に影響を与え合う関係であると考えられる。企業が環境経営を行うことにより，法令遵守，信頼性の向上，評価の向上，そして持続可能な社会への貢献となる。しかし，これらの経営の成果が利益につながるかが重要なポイントだ。企業利益の源泉は，コスト削減だけでなく，受注増（営業），新製品開発（高付加価値化），直接・間接プロセスの効率化など多様であり企業の環境への取組みが市場での競争力の向上，ビジネスチャンスをもたらし，企業ブランド価値を向上させ直接 ROA をプラスにするには環境ビジネスなどの本業での環境の扱いが必要だ。時間軸で見た場合，リーマンショックが起き，京都議定書の約束期間が始まる 2008 年以前の日本企業で

GHGs排出量を削減している企業は多くなかった。しかし，ここ数年の企業認識において，環境配慮行動は企業には当然の社会的責任として履行するものであり，それは企業利益の源泉に間接的につながる重要な経営要素と変化したといえる。本調査における仮説モデルを示すとすると，「ROAを継続的に上げている企業は，企業の総量でのGHGs排出削減がなされてる」とする。

本調査では，2000〜2012年度という直近の長期トレンドにおける日本企業320社の企業の経済活動と環境配慮の関係性を定量的に分析し，企業のROAの成長とGHGs排出量削減について，有意性を見出した。しかしながら，本研究の限界は，業種による特性の分析をしていないことである。さらなる統計的な正確性を出すとともに，業種別の分析を行わなくてはいけない。

[注]

1　Arimura, T. H., Hibiki, A. and Katayama, A. (2008), "Is a Voluntary Approach an Effective Environmental Policy Instrument? A Case of Environmental Management System," *Journal of Environmental Economics and Management*, 55 (3), pp. 281-295.

2　Yin, H. and Schmeidler, P. J. (2009), "Why Do Standardized ISO 14001 Environmental Management Systems Lead to Heterogeneous Environmental Outcomes?," *Business Strategy and the Environment*, 18, pp. 469-486.

3　岩田和之・有村俊秀・日引聡「ISO14001 認証取得の決定要因とトルエン排出量削減効果に関する実証研究」『日本経済研究』62, 2011年, 16-38頁。

4　鈴木幸毅「環境経営論と環境社会責任論」『Fuji business review』(4), 2012年, 65-71, 2012-03。

5　九里徳泰「環境経営と環境教育」鈴木幸毅・所伸之編著『環境経営学の扉』文眞堂, 2008年, 113-148頁, 加筆。

6　Burns, T. and Stalker, G. M. (1961), The Management of Innovation, London: Tavi-stock.

7　栗田猛・高見幸子 (2002)「企業の存在を大きく左右する環境教育を考える」『企業と人材』Vol. 35, No. 794, 2002年。

8　中丸寛信「企業の環境に対する事前的取り組みについて」『甲南経営研究』第36巻3号, 1995年。

9　Nishitani, K. (2011), "An Empirical Analysis of the Effects on Firms' Economic Performance of Implementing Environmental Management Systems," *Environ Resource Econ*, 48: 569-586.

10　Yin, H and Schmeidler, P. J. (2009), *op.cit.*, pp. 469-486.

11　Elsayed, K. and Paton, D. (2005), "The impact of environmental performance on firm performance: static and dynamic panel data evidence," *Structural Change and Economic Dynamics*, 16, pp. 395-412.

12　Darnall, N., Henriques, I. and Sadorsky, P. (2008), "Do environmental management systems improve business performance in an international setting?," *Journal of International Management*, 14, pp. 364-376.

13　Orlitzky, M., Schmidt, Frank L. and Rynes, Sara L. (2003), "Corporate Social and Financial Performance: A Meta-analysis," *Organization Studies*, 24 (3), pp. 403-441.

14 Innovest (2004), *Corporate Environmental Governance: A study into the influence of Environmental Governance and Financial Performance.*

15 川原尚子「財務報告における環境情報開示に関する国際文献研究」『商経学叢』55-2，2008年，37-49頁。

16 Dowell, G., Hart, S. and Yeung, B. (2000), "Do Corporate Global Environment Standards Create or Destroy Market Value?," *Management Science*, 46 (8), pp. 1059-1074.

17 Murray, A., Sinclair, D., Power, D. and Gray, R. (2006), "Do Financial Markets Care about Social and Environmental Disclosure?: Further Evidence and Exploration from the UK," Accounting, *Auditing and Accountability Journal*, 19 (2), pp. 228-255.

18 馬奈木俊介『環境経営イノベーション2　環境経営の経済分析』中央出版社，2010年。

19 豊澄智己『戦略的環境経営　環境と企業の競争力の実証分析』中央出版社，2007年。

20 Iwata, H. and Okada, K. (2010), "How does environmental performance affect financial performance? Evidence from Japanese manufacturing firms," *MPRA Paper*, No. 27721.

21 阪智香「CO_2排出と企業価値」『総合政策研究』40，2012年，109-113頁。

22 尾形順成・九里徳泰「日本企業の収益性と環境配慮の関係性に関する試論—2000年～2012年度，13年間の日本企業320社のROAとGHGs排出量に関する調査—」『工業経営研究学会第30回全国大会予稿集』2015年。

23 中原章吉「経営分析論教程試案」『駒沢大学経済学論集』31 (2)，1999年，53-120頁。

24 重松逸造『疫学とはなにか—原因を追究する科学』講談社，1977年。

Column：ESG 評価

昨今では，金融機関において企業の環境・社会配慮を審査し，低金利融資を行うシステムが始まりだしている。北陸銀行のエコリードマスターは１つの事例となる。評価項目は，日本政策投資銀行の支援を受けて作成された。このような評価を ESG 評価という。ESG とは E：Environment，S：Sosial，G：Governance を指す。ESG 評価とは非財務評価で，企業体制及びその行動を評価するものである。北陸銀行では環境配慮型経営への取組状況を，独自の評価体系で環境格付し，環境格付に応じて最大 0.2％の金利優遇をしており，現在７社が融資を受けていて，立山黒部貫光株式会社がハイブリッドバス購入資金として活用している。2016 年には巨大ファンドである年金積立金管理運用独立行政法人（GPIF）が日本の株式公開企業を対象にした ESG 評価による投資を検討している。

表 2-3　北陸銀行エコリード・マスターの評価項目

経営全般事項	コーポレートガバナンス
	コンプライアンス
	リスクマネジメント
	パートナーシップ
	従業員
	情報開示
事業関連事項	設備投資
	製品・サービス開発
	サプライチェーンにおける環境配慮
	使用済み製品リサイクル
パフォーマンス関連事項	地球温暖化対策
	資源有効利用対策
	水資源対策
	化学物質管理
	その他の環境対策

第3章
自動車産業における環境経営とイノベーション

キーワード：循環型社会，自動車リサイクル，産業の動脈・静脈

1．はじめに

2015年，トヨタ自動車は2050年までにエンジンだけで走る自動車の販売をほぼゼロにする長期目標を発表した。ハイブリッドカーや燃料電池車の比率を高め新車走行時の二酸化炭素（以下，CO_2とする）排出量を2010年比で9割減らすという[1]。また同年，マツダが車再資源化率99%を達成したと報道された。開発段階からリサイクルを意識した部品選びを行い，使用済みバンパーをリサイクルする仕組みも確立しているという[2]。自動車メーカーはなぜ環境経営を重視するのだろうか。なぜ世間はその動向に注目するのだろうか。

世界の自動車市場は従来，先進国を中心に成長し，今日では新興国に重心を移して成長を続けている。高速で長距離を移動できる自動車は，私たちに便利さと快適さを与えてくれた。しかしその反面，自動車産業は安全問題，渋滞問題，そして地球環境問題など，乗り越えなければならない数多くの問題も抱えている。

地球環境問題はとりわけ重要な問題である。なぜならば，自動車産業の発展を支えてきた大量生産システムは地球環境問題の主因と位置付けられているからである。「大量生産の実現には，多くの自然資源が生産要素として用いられ，その枯渇が問題となり，また，生産工程や製品の使用時に生じる汚染物質が環境中に排出されることで環境汚染が生じた。同時に，大量生産は結果として，社会や自然の許容する水準を質的にも量的にも上回る廃棄物を生み出している」[3]。

その結果，地球温暖化や資源枯渇が深刻化し，「低炭素循環型」の持続可能

な社会を作り上げることが人類的な課題となっている。具体的には，CO_2 など温暖化物質の排出抑制を進める低炭素社会，そして廃棄物のリサイクルを通じて天然資源の消費抑制と環境負荷の低減を進める循環型社会の構築が求められている。冒頭で紹介した大手自動車メーカーにおける環境経営の展開にはこのような背景がある。

以上のことを踏まえて，本章では自動車産業における環境経営の課題のひとつである廃車リサイクルに注目し，その実態と課題を考察する。その場合，自動車産業を循環型産業として捉えて，廃車リサイクルの促進には生産の担い手とリサイクルの担い手の連携という「新結合」＝イノベーションが必要になるという視点から考察を進めたい。

2．循環型社会を支えるイノベーション

(1)　大量廃棄型産業としての自動車産業

まず，自動車産業の特徴から廃車リサイクルの重要性を考えよう。自動車産業は，大量生産型そして資源集約型の産業である。自動車生産台数は日本国内に限っても約920万台（2015年度）であり，それらの自動車は小さなネジまで含めれば1台あたり約3万点の部品から構成される。その原材料も鋼材や鋼板などの鉄鋼材料をはじめ，アルミニウム等の非鉄金属，そして合成樹脂，ゴム，プラスチック，ガラス等の非金属まで多種多様である[4]。

では，私たちが利用した後で使用済みの自動車はどうなるのだろうか。もちろん，大量の廃棄物（廃車）となる。2000年代以降，日本では毎年350万台前後の自動車が使用済みとなっている[5]。自動車は大量に生産，消費され，そして廃棄されている。自動車産業は大量廃棄型の産業でもあるのだ。ここに，廃車リサイクルが重要になる理由がある。

廃棄物のリサイクルを重視する社会は，一般的に循環型社会と呼ばれる。利用価値のある廃棄物を資源として循環させることで天然資源の消費を抑制し環境負荷を軽減する。具体的には，発生抑制（Reduce），再利用（Reuse），再生利用（Recycle），熱回収（Thermal Recycle），適正処分の5つの手法がある。

長期的には廃棄物の生じない社会[6]を目指すべきだが，生産・消費のプロセスは必ず廃棄物を生み出すため，自動車産業では廃車をベースに再利用，再生利用，熱回収，適正処分等を効果的に行う仕組みづくりが求められている。

(2) 循環型産業としての課題

では，日本の廃車リサイクルは誰によって，どのように進められてきたのだろうか。この問題を理解するためには，自動車産業を「循環型産業」，つまり製品を生産する「動脈」部分と廃棄物をリサイクルする「静脈」部分の統一体として捉える視点が必要である[7]。

このうち動脈部では，私たちがよく知る社会的分業が成り立っている。資材部門の企業が鉄・非鉄金属素材や非金属素材を生産し，自動車メーカーや部品メーカーは資材部門から原材料を調達してそれらを順次，部品，最終製品（自動車）へと仕上げていく。そして，私たちユーザーが販売店（以下，ディーラーとする）から商品（新車，中古車）として購入して利用する。

これに対して静脈部の実態はあまり知られていない。使用済みとなった自動車はディーラー等に引き渡された後どのような道を辿るのか。そこには廃車の解体，廃車ガラの破砕，破砕くずの処分という一連の流れがある。

まず自動車解体業者（以下，解体業者とする）が，ディーラー等から廃車を買い取りリサイクル可能な部品や金属を取り出して中古部品・再生資源として生産，販売する。つづいてシュレッダー業者が，解体業者から排出される廃車ガラを買い取って破砕し，リサイクル可能な金属等を再生資源として生産，販売する。またそこから排出される破砕くず（＝シュレッダーダスト；Automobile Shredder Residue，以下 ASR とする）は，シュレッダー業者が費用負担して埋立て処分する。こうして，自動車産業の静脈部では関連事業者のリサイクルビジネスが展開されている。従来，廃車の約８割（重量ベース）は市場を通じてリサイクルされてきた（図 3-1）。

しかし問題がなかったわけではない。第１に，生産者として自動車技術・自動車生産技術に最も精通している大手自動車メーカーは廃車リサイクルにほとんど関与してこなかった。第２に，ビジネスとして廃車リサイクルに取り組んできた解体業者等には経営基盤の脆弱な零細企業も多くリサイクル促進に課題

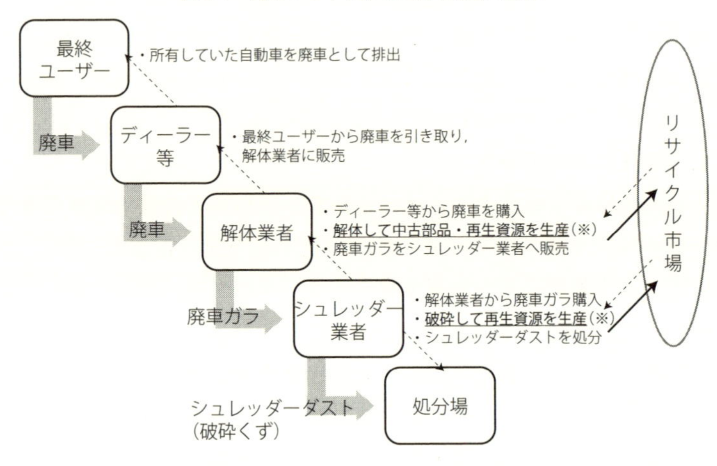

（注）1　[灰色矢印]＝廃車の流れ，→＝リサイクル商品の流れ，--->＝金の流れ。
　　2　※中古部品はディーラー等へ，再生資源は鉄鋼メーカー，自動車メーカー，部品メーカーへ販売する。
（出所）筆者作成。

を抱えていた。そして第3に，生産者である自動車メーカーとリサイクルを担う解体業者の間にリサイクル促進のための連携はほとんど見られなかったのである[8]。

廃車リサイクルの促進には何が必要か。自動車産業を循環型産業として捉えるならば，動脈部企業のリサイクルへの取り組みの強化と静脈部企業のリサイクルビジネスの活性化もさることながら，動脈・静脈の連携によって効果的な廃車リサイクルを実現していくことが必要不可欠だと考えられる。

(3)　イノベーションとしての廃車リサイクル

廃車リサイクルの促進は，イノベーションの問題としても捉えられる。ここでイノベーションとは，私たちの生活を変え，企業の顧客創造につながり，そして経済を新しい段階に発展させるような技術，製品・サービス，事業，制度と理解しておこう[9]。

このように位置付けたうえで，イノベーション研究の先駆者シュムペーターのように経済発展の源泉を「新結合」[10]と捉えるならば，動脈部企業と静脈部企業（例えば自動車メーカーと自動車解体業者）が連携して両者の知識，技術，経験を「新結合」することでより効果的な廃車リサイクルに結びつき，循環型社会の実現に貢献できるのではないかと考えられる。

もちろん，イノベーションは「経済成果をもたらす革新」[11]とも表現されるように，先端的な取り組みも市場で受け入れられ経済成果に結びつくものでなければ広がらない。よって，リサイクル促進を目指した動脈・静脈の連携という「新結合」は，リサイクルに取り組む企業の競争力要因と位置付けられることで広がっていくと考えられる。

3．リサイクルを巡る環境の変化と自動車リサイクル法

2000年代以降，日本自動車産業における廃車リサイクルは自動車リサイクル法の制定によって急速に前進した。では，動脈部企業のリサイクルへの取り組み，静脈部企業のリサイクルビジネス，そして両者の連携はどのように進められるようになったのだろうか。その実態を理解する前提として，本節では廃車リサイクルを巡る環境の変化と自動車リサイクル法制定の経緯について確認しておきたい。

従来の日本では自動車解体業者などのビジネスとして廃車リサイクルが展開されてきた。しかし1990年代以降の2つの環境変化によってその仕組みは機能不全に陥った。ひとつは鉄スクラップ価格の大幅な低下である。1985年の「プラザ合意」後に進んだ急速な円高により安価な鉄スクラップ輸入が増加したことで国内の鉄スクラップ価格は急落し，その後も不安定な状況が続いた。もうひとつは，産業廃棄物最終処分場の逼迫によってASRの処分費が高騰したことである。

こうした変化は，金属等の再生資源（特に鉄スクラップ）の売上高からASRの処分費を差し引いて利益をあげるシュレッダー業者の経営を直撃した。それまで解体業者から廃車ガラを購入していたシュレッダー業者は，一転，解体業者に処理費用を請求するようになった。この処理費用の請求現象は「逆有償」と呼ばれ，解体業者によるディーラー等からの廃車購入にも波及

した。有価物（グッズ）であった廃車や廃車ガラがマイナス価値をもつ「バッズ」に転化すれば，当然，市場を通じたリサイクルは機能しなくなる[12]。

そのため自動車産業では，廃車，廃車ガラ，およびASRの不法投棄が懸念された。実際，1990年には香川県豊島（てしま）に廃車由来のASRなど産業廃棄物約60万トンが不法投棄される「豊島事件」が発生し，持続的な廃車リサイクルが求められるようになった。

そこで通産省（当時）は1997年に「使用済み自動車リサイクル・イニシアティブ」を策定し，生産者である自動車メーカーにも車両のリサイクル性向上や廃車リサイクル率向上への取り組みを求めるようになった。また，日本自動車工業会も1998年に「自主行動計画」（業界目標）を掲げたため，メーカー各社もリサイクル「行動計画」を発表するようになった。

しかし「行動計画」はあくまでも努力目標であったため，2002年には「使用済自動車の再資源化等に関する法律」（通称，自動車リサイクル法）が制定された。これは，リサイクル市場の機能不全が「深刻な社会問題化する前に，市場外的仕組みを加え業界挙げて取り戻す」[13]ものであった。

この法律には２つの特徴がある。第１に，生産者である自動車メーカーに対して，自ら製造した自動車の廃車から発生する「特定３品目」（市場を通じたリサイクルが難しく環境負荷も大きいASR，フロンおよびエアバッグ）のリサイクルを義務付けた。「拡大生産者責任」[14]を課したのである。メーカーはユーザーから徴収したリサイクル料金をもとに，自らあるいは関連事業者に委託して「特定３品目」をリサイクルする責任を負うことになった。

第２に，解体業者などが市場で展開してきた中古部品や再生資源のリサイクルビジネスを維持しつつ，持続性の観点から関連事業者に対して各地方公共団体への登録・許可制度を導入し，リサイクル施設・方法について許可「基準」を設けた。

こうして，リサイクルを巡る環境が変化し自動車リサイクル法が制定されたことで，中古部品や再生資源のリサイクルは従来通りに，しかし一定の規制の下で静脈部企業が担い，ASR等「特定３品目」のリサイクルについては動脈部の中心である自動車メーカーが責任をもつという，廃車リサイクルの新しい社会的分業が生み出された。

4．自動車メーカーの廃車リサイクル

新たな枠組みのなかで，動脈部におけるリサイクル，静脈部におけるリサイクルビジネス，そして両者の連携はどのように展開されているのだろうか。本節では自動車メーカーの動向を検討する。

予め要点を記そう。自動車メーカーは今日，廃車リサイクルを競争力の一要素と位置付けるようになっているが，その取り組みは解体業者等の静脈部企業への外部委託を通じて，そして静脈部企業の組織化を伴いながら展開されている。とくにトヨタは，動脈・静脈の連携に基づく取り組みを，廃車リサイクルの発展の方向性として明確に意識するようになってきている。

(1) リサイクルの位置付け

自動車リサイクル法は，「特定3品目」に限ってではあるものの自動車メーカーに「拡大生産者責任」を求めた。そのためメーカーはリサイクルへの取り組みを強化せざるを得なくなった。しかし，メーカーは法令遵守のために取り組んでいるだけではない。企業の競争力構築の一環として積極的に位置づけて取り組んでいるようである[15]。2つの点に注目してみよう。

ひとつは，リサイクル率の法定目標値である。同法は，2015年までに廃車全体のリサイクル率を95%，ASRのリサイクル率を70%に引き上げることと，その達成度合いを毎年公表することをメーカーに義務付けた。リサイクル率は確かに法令遵守の度合いであるが，循環型社会構築に対するメーカーの貢献度合いでもある。リサイクルへの取り組みは，環境保全を重視する消費者で構成されるこれからの市場において，企業イメージに影響する重要な要因と考えられるようになっている。

もうひとつは，リサイクル収支に関する規定である。同法は，メーカーが設定するリサイクル料金額について，リサイクル料金はリサイクル費用を上回っても著しく下回ってもならないと規定し，料金と費用の収支均衡を求めている。持続的にリサイクルを行うためにも，そしてリサイクル料金を引き下げ

て顧客にアピールするためにも，費用削減が大きな課題となる。コスト・価格競争力という意味でも，リサイクルへの取り組みに本腰を入れることが必要になったのである。

(2) ASRリサイクルの特徴と課題

次に，自動車メーカーの廃車リサイクルの特徴について，自動車リサイクル法で義務付けられたASRリサイクルに焦点を当てて指摘しておきたい。

第1の特徴は，自動車メーカー同士の協働を通じてリサイクルが進められていることである。「特定3品目」のリサイクルについて，メーカーはトヨタを中心とするTHチーム（トヨタ，ホンダ，ダイハツなど）と日産を中心とするARTチーム（日産，マツダ，富士重工業，スズキなど）の2チームに分かれてスケール・メリットや業務の効率化を追求している。チームごとに施設共用と情報共有を進め，チーム間では競い合ってリサイクルを進めている。そのこともあり，リサイクル率やリサイクル収支は確実に前進した。

法施行初年度の2005年度には，リサイクル率はトヨタ50%，日産64%，リサイクル収支はトヨタ3億7,000万円の赤字，日産2億3,000万円の赤字であった。それが2010年度には，全社平均のASRリサイクル率は83.8%に達した。これは，「2015年以降の目標値」として定められた70%を大幅に超える数値である。2014年度にはさらに向上して97.1%に達している。また，当初は各社で大幅な赤字が記録されたリサイクル収支についても，2010年度までに多くの企業で黒字化されており，リサイクル料金は引き下げられる傾向にある。その結果，不法投棄やASR最終埋め立て処分量も法施行時と比較すると大幅に減少している[16]。

しかし，こうした成果はメーカーの取り組みだけでは説明できない。なぜならば，メーカーによるASRリサイクルの多くは，実際には解体業者をはじめとする静脈部の企業によって担われているからである。自動車メーカーは動脈部において部品生産の多くを自動車部品メーカーに外注しているが，静脈部ではリサイクルの多くを関連事業者に委託している。これがメーカーによるASRリサイクルの第2の特徴である。

図3-2のように，メーカーによるリサイクル委託には2つの方式がある。ひ

とつは，メーカーがASR再資源化業者にリサイクルを委託するもので，再資源化業者の施設にASRを集め，熱回収や素材選別を行う。もうひとつは「全部再資源化（全部利用）」というもので，メーカーが解体業者，鉄鋼メーカーそして商社からなる「コンソーシアム」を委託先に認定する。コンソーシアム内では，解体業者が廃車ガラをエコプレス（銅含有率0.3％未満のプレス製品）に仕上げ，鉄鋼メーカーがそれを電炉に投入して原料使用する。2015年には，第1の方式で96の再資源化事業所が，第2の方式で512のコンソーシアムが，ASRリサイクルを担っている（いずれも延べ数）[17]。

図3-2　自動車メーカーによるASRリサイクル委託方式

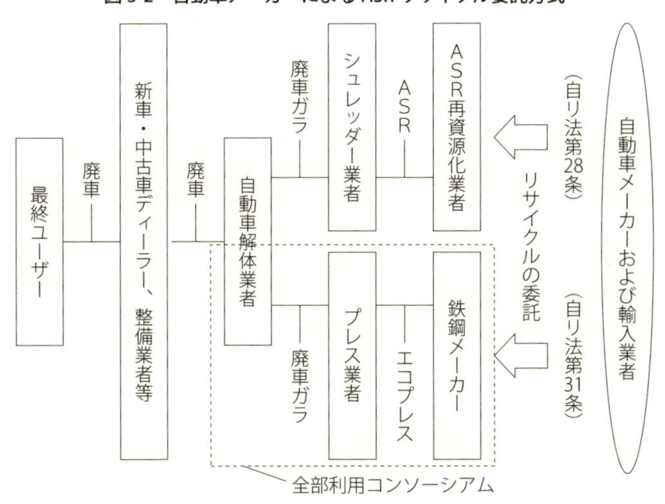

（出所）筆者作成。

このように，義務付けられたASRリサイクルが自動車メーカーには内部化されず外部委託によって進められる以上，メーカーにとっては優良な委託先企業と良好な関係を構築していくことが必要になる。こうしたメーカーのリサイクルの展開のあり方に，動脈・静脈の連携を進める必要性と可能性の根拠を見出すことができる。

(3)　トヨタ自動車における廃車リサイクルのケース[18]

そこでトヨタ自動車を取り上げて，廃車リサイクルへの取り組みと静脈部企業との連携の実態を検討する。トヨタは収益性の高さだけでなく，ハイブリッドカー「プリウス」の普及や燃料電池車「ミライ」の開発に見られるようにエコカー開発を通じて低炭素社会への実現に努力してきた環境経営のリーディングカンパニーである。同社の取り組みを分析することで，廃車リサイクルを促進し，循環型社会を実現するためのヒントを探ってみよう。

①　環境理念とリサイクル

トヨタにおける環境経営の基本的なアプローチは，1992年に「トヨタ基本理念」を土台に定められた「トヨタ地球環境憲章」に集約されている。その内容は，豊かな21世紀社会に貢献するために環境技術を追求し，自主的行動と社会との連携を重視した活動を進めて環境と調和の取れた成長を果たす，というものである。

この基本理念・方針に基づいて，2015年には環境取組み長期ビジョン「トヨタ環境チャレンジ2050」も策定されている。これは冒頭で紹介した「新車CO_2ゼロチャレンジ」など2050年に向けて自動車メーカーが達成すべき6つの挑戦課題をまとめたものである。廃車リサイクルを含む「循環型社会構築へのチャレンジ」もそこに位置付けられており，トヨタでは世界各地で使用済みとなった自動車の資源を再び自動車生産の資源として活用する「Toyota Global Car to Car Recycle Project」を推進するとしている。以下では，トヨタがこれまでに取り組んできたASRリサイクルとその他の部品リサイクルについて検討する。

②　ASRのリサイクル

日本の自動車メーカーは廃車リサイクルにほとんど関与してこなかったと言われているが，トヨタはすでに1970年にこの領域での取り組みをスタートさせている。

当時，佐藤栄作首相からトヨタの経営陣に対して「廃車公害を出さないように対策を進めてもらいたい」との要請があり，1970年，同社は系列商社である豊田通商と共同出資して豊田メタル株式会社というリサイクル企業を設立した。それ以来，同社は環境経営，特に廃車リサイクルの中心に豊田メタルを位置付け，今日まで役員派遣も続けている。

当初，豊田メタルは解体業者から回収した廃車ガラを破砕して再生資源を生産するシュレッダー業として事業を展開していたが，1998 年からは ASR リサイクルにも着手した。その際，トヨタの生産技術開発部門とプラントエンジニアリング部門は世界初の量産レベルリサイクルプラントを開発し豊田メタルに設置している。このプラントは，廃車ガラの破砕・分別による再生資源生産から ASR の破砕・分別による再生資源生産まで一貫生産を行うものである。後者については，10 種類以上の物質（鉄，銅，アルミ，ガラス，ウレタン，繊維，樹脂，ゴムなど）からなるダストを破砕，風力分別，磁力分別，比重分別などの技術を駆使して細かく分別・再資源化することができる（図 3-3）。

2005 年の自動車リサイクル法施行後は，ASR 再資源化業者として主にトヨタが属する TH チームのリサイクル業務を受託しており，同プラントでは稼働から 2009 年までの約 10 年間に約 600 万台分の ASR リサイクルが行われている。

トヨタでは，ASR リサイクルの過程で取り出した素材をできるだけ自動車

図 3-3　豊田メタル社の ASR リサイクルの仕組み

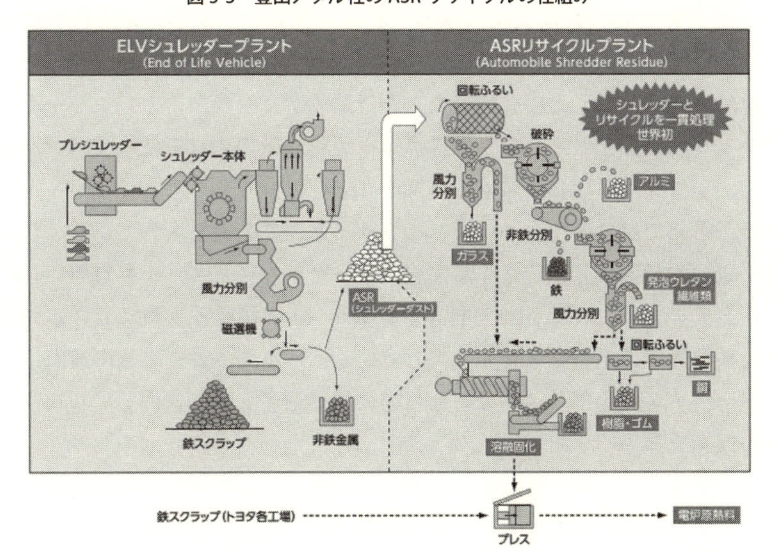

（出所）トヨタ自動車環境部『クルマとリサイクル』2014 年，12 頁より転載。

向けの素材として再資源化しようとしている。その代表的な事例が，分別した発泡ウレタンと繊維から自動車の防音材材料（RSPP）を生産する取組みである。豊田メタルで生産された材料を使ってトヨタ系部品メーカーが防音材を生産してトヨタに納入する。トヨタ車の約半分にこの防音材が利用されている。

また，こうしたASRリサイクルは，豊田メタルが1971年から組織化している解体業者の「協力会」（2016年時点で38社）によって支えられている。量産レベルのリサイクルを行うためにも，トヨタのリサイクル率を高めるためにも，大量の廃車ガラを調達する必要がある。そこで協力会という形で安定的な廃車ガラの回収網を整備するとともに，リサイクル施設の見学会や新技術・新部品講習会を行って解体業者のリサイクル能力の向上を支援している。

③　バンパーのリサイクル，ワイヤーハーネスのリサイクル

トヨタでは，ASRリサイクルに限らず，さまざまな部品分野においてリサイクルを進めている。従来から展開されてきたバンパーリサイクルは（厳密には廃車リサイクルとは言えないが）その先行例である。バンパーは単一材料の大物部品でリサイクルがしやすいこともあり，1990年代から国内のトヨタディーラーを中心に修理交換済みバンパーの回収・リサイクルが行われてきた。

具体的には，契約した解体業者などが近隣のディーラーからバンパーを回収してチップ状に加工し，トヨタ系部品メーカーがその素材を使ってバンパーを生産し，トヨタが新車に装着する（図3-4）。

また，近年ではワイヤーハーネスのリサイクルにも力を入れている。自動車には，電力や制御信号を伝送する配線（ワイヤーハーネス）が多数用いられているが，その材料である銅は可採年数が残り40年程度と言われている。その一方で新興国では送電線需要が拡大している。そこでトヨタと豊田通商は，ワイヤーハーネス大手部品メーカーならびに解体業者7社と連携してリサイクル技術の開発を進めてきた。

従来，解体業者が取り外したワイヤーハーネスには不純物が残っておりそれを再びワイヤーハーネスにすることは困難であったが，解体業者の前処理も含めた品質条件の確立などについて共同で技術開発を進め，2011年に微小な不

図 3-4　トヨタ自動車によるバンパーリサイクルの仕組みと実績

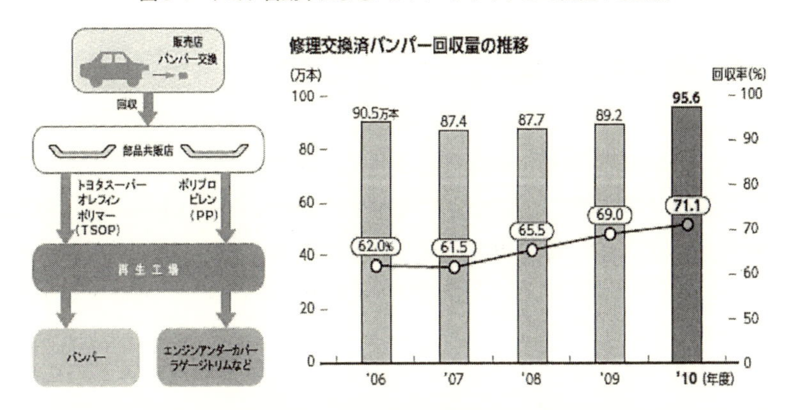

（出所）左図は，トヨタ自動車株式会社『環境報告書（2002 年版）』36 頁。
右図は，トヨタ自動車株式会社『環境報告書（2011 年版）』39 頁。

純物の混入も防ぐ選別方法を開発して新品同様の銅の生産に成功した。2013 年には実証ラインでの生産にも成功している。

トヨタではこうした取り組みを踏まえて，部品メーカーや解体業者などと一体になって，つまり動脈・静脈の連携をベースに進めるリサイクルを「次世代型リサイクルコンセプト」とし，リサイクルの発展方向性として重視している。

④　リサイクルしやすい車づくり

トヨタでは ASR や個別部品のリサイクルに取り組む一方で，2001 年に豊田メタル内に設立した自動車リサイクル研究所が中心になってリサイクル性の高い車両の開発やリサイクル技術の開発にも力を入れている。

例えば，新型車両の設計においては，解体業者を実際に訪問し実情を調査しながら解体しやすく分別しやすい構造を研究しており，そこからは部品取り外しポイントを分かりやすくする「解体性マーク」表示の工夫なども生み出されている。また，解体技術や再資源化技術の研究も進められており，研究成果は解体・適正処理のためのマニュアルとして解体業者等の静脈企業に情報開示されている。

5．自動車解体業者の廃車リサイクルビジネス

つづいて本節では，自動車解体業者の動向を検討する。ここでも予め要点を記しておこう。解体業者は，厳しい経営環境に直面したため事業再構築を進めているが，多くの場合，自動車ディーラーや自動車メーカーなど動脈部企業とのかかわりを上手く活用することで自社の廃車リサイクルビジネスを強化しようとしている。

(1)　競争状況の変化と事業の再構築

1990年代以降，解体業者は「試練と淘汰の時代」[19]と表現される厳しい経営環境に直面している。この点について，2つの問題を整理しておきたい。

ひとつは，自動車リサイクル法によって競争状況が変化したことである。すでに説明したように，自動車リサイクル法はリサイクルの持続性の観点から関連事業者の登録・許可制度を導入しており，リサイクル施設・方法に「基準」を設けた。そのため，解体業者は一定の法基準をクリアしなければならず，追加的な設備投資に耐えられない企業は淘汰される可能性が高まった[20]。

それに加えて，登録・許可制度によって自動車リサイクル市場が整備されたことを好機と捉える企業の新規参入が増加し，企業間競争が激化した。有力な解体業者が事業規模を拡大させただけでなく，自動車ディーラー，シュレッダー業者そして商社などが解体業に新規参入するようになった[21]。

もうひとつは，環境変化に応じた事業の再構築が進んだことである。解体業者の事業は一般的に再生資源事業と中古部品事業から成り立っているが，鉄スクラップ市場が不安定さを増したため，多くの解体業者は事業の軸足を再生資源事業から中古部品事業にシフトさせた。また，再生資源事業については自動車メーカーと連携して進めるリサイクル事業が増えてきている。例えば，自動車リサイクル法のASRリサイクル（「全部再資源化」方式）に参加する解体業者や多様な部品分野（バンパーなど）で展開されているメーカー独自のリサイクルプロジェクトに参加する解体業者が増えている。

⑵　解体業者における能力構築の課題

1990年代から今日にかけて，解体業者は法規制の強化と競争の激化に直面したため生き残りをかけて事業の再構築を進めた。そのため解体業者では，リサイクルビジネスを強化するための能力構築が必要不可欠になっている。各社の能力構築にはそれぞれ個性があるものの，ここでは筆者の実態調査を踏まえてその平均的な姿を紹介したい[22]。

解体業者の多くは第1に調達活動を強化している。廃車は中古部品や再生資源の原材料であり解体業の基盤である。企業間競争が激化して廃車仕入れが困難になる一方で，中古部品事業のために良質な廃車が必要になっている。多くの解体業者は安定した仕入れルートを確立するために，主な仕入れ先である自動車ディーラー等との関係強化に取り組んでいる。

第2に生産活動を強化している。中古部品事業では，大切な商品になる部品を丁寧に取り外す必要がある。自動車リサイクル法の「全部再資源化」でも，銅含有率0.3％未満のエコプレス生産が必要であり丁寧な解体が求められる。メーカー独自のリサイクルプロジェクトでも，メーカーが求める内容・水準の仕事が求められる。解体業者は，作業者の解体技能の向上を図るとともに自動車メーカー・部品メーカーからの技術情報収集に力を入れている。

第3に販売活動を強化している。多くの企業は在庫共有ネットワークに参加して販売機会を広げようとしている。在庫共有ネットワークは中古部品の相互融通を行う団体で，加盟企業は取り扱い部品数を増やすとともに自らの商品の販路を拡大できる。また，地域の自動車ディーラーとの関係を強化して販路確立しようという傾向もある。

このように解体業者は，調達，生産，販売のいずれの活動についても，自らのリサイクルビジネスを強化するために，動脈部企業である自動車メーカーや自動車ディーラーとのかかわりを重視するようになっている。ここにも，動脈・静脈の連携の必要性と可能性を見出すことが出来よう。

⑶　埼玉県M社における廃車リサイクルビジネスのケース[23]

最後に，自動車解体業者M社を取り上げて，そのリサイクルビジネスならびに動脈部企業との連携の実態を検討する。M社は1969年に埼玉県で創業した自動車解体業者であり，従業員は約150名，廃車リサイクル台数は年間約3万台と，自動車解体業界では最大手の規模を誇っている。

創業以来，鉄スクラップを主体とする再生資源事業をリサイクルビジネスの中心に位置づけて取り組んできたが，スクラップ市場の不安定さの影響を回避するため，近年は中古部品事業に軸足を移しており，現在ではそれが同社の売上高の7割を占めている。

また再生資源事業についても，鉄スクラップ以外のさまざまな事業に取り組むようになっている。例えば，自動車リサイクル法のASRリサイクル（「全部再資源化」方式）や自動車メーカー独自のリサイクルプロジェクトに参加するなど，メーカーと連携して進めるリサイクルへの取り組みも増えている。後者については，トヨタのバンパーリサイクル（第4節参照）や日産の内装材リサイクルのプロジェクトに参加している。

さらにM社は，経営環境の変化に対応した事業再構築を進める一方で，それを実現するための能力構築にも力を入れている。その特徴の第1は，地域のディーラーとの関係構築である。具体的には地元のディーラーから廃車を仕入れ，その仕入先に中古部品を販売する“地産地消”のビジネスモデルを重視している。

従来，鉄スクラップ主体に事業を展開していたM社は，とにかく大量の廃車仕入れを必要としており，長い年月をかけて地元のディーラーと密接な関係を作り上げてきた。そのおかげで同社は，業界内競争の激化を背景に仕入れが困難になっている今日においても毎月2,500台ほどの廃車を安定的に仕入れることが出来ている。そして今度はそうしたディーラーを中古部品の販売先としても位置づけて，更なる関係強化をはかろうとしている。そのために，在庫共有ネットワークを通した部品販売の比率を一定程度に抑え，節約できる手数料分を地元ディーラーからの廃車買取り価格に上乗せするなどの工夫をしている。

第2の特徴は，自動車メーカーとの関係を重視していることである。M社の事業再構築（中古部品事業へのシフト，再生資源事業におけるメーカー関連リサイクルへの参加）は，いずれも丁寧な解体作業が必要であるため自動車の構造・機能についての情報収集が必要になる。そこで，メーカー勤務経験者の中途採用を通じた技術吸収や自動車メーカー・部品メーカーからの情報収集に力を入れている。近年では，ハイブリッドカーなどのエコカー廃車も増加しており，新しい車両や電子部品に対する理解も深めなくてはならないため，メーカーとの関係は従来以上に重要になってきている。

また2014年，M社とトヨタ系商社の豊田通商は，トヨタとも連携して中国北京で廃車リサイクルビジネスに参入した[24]。具体的には現地のリサイクル企業に共同出資し，豊田通商が経営管理，M社が工場管理を担当するという。豊田通商が中心になって進めている事業であり，今後大量の廃車の発生が見込まれる中国の事業機会を得ようというものだが，M社も2012年から進められている実証実験の段階から現地企業に対する技術指導を担当してきた。メーカーとのかかわりのなかで，同社は新境地を開拓しようとしている。

6．おわりに

本章では，廃車リサイクルに限定してではあるが，自動車産業における環境経営とイノベーションについて考察した。その場合，自動車産業を循環型産業として発展させるには，動脈部企業と静脈部企業が連携して両者の知識，技術，経験を「新結合」し，より効果的なリサイクルを進めることが重要だという視点から，自動車メーカーと自動車解体業者の動向を詳しく検討した。

自動車リサイクル法の制定を契機にわが国の廃車リサイクルは確実に前進した。自動車メーカーに課せられた2015年度までのリサイクル目標値（ASR）は早々にクリアされ，リサイクル収支の面でも赤字を脱し，リサイクル料金を引き下げられるようにもなった。また，自動車メーカーはさまざまな部品分野において廃車リサイクルを展開し始めている。

では，こうした到達点を支えたものは何か。確認しておくべきことは，自動車メーカーがリサイクルを強化する場合も，解体業者がリサイクルビジネスを強化する場合も，リサイクルを効果的に進めるためには相互に必要不可欠な存在になっているということである。メーカーは解体業者への業務委託や解体業者の組織化を進め，解体業者はディーラーやメーカーとの関係強化や情報収集に取り組んでいた。廃車リサイクルの性格上，その前進には動脈部企業と静脈部企業の知識，技術，経験の「新結合」とそのための両者の連携が必要だということを物語っている。

現時点では，動脈・静脈の連携のあり方にドミナントなものはない。動脈・静脈の間でどのような連携関係が形成されていくのかということは，自動車産業が廃車リサイクルを通じて循環型社会の実現に貢献できるかどうか，環境経営におけるイノベーションを通じて経済社会の発展に貢献できるかどうかを考えるうえで重要なテーマとなるだろう。

［注］

1　『日本経済新聞』（2015年10月15日付）。

2　『日本経済新聞』（2015年6月26日付）。

3　植田和弘・岩田裕樹「環境経営イノベーションの意義」植田和弘・國部克彦・岩田裕樹・大西靖編著『環境経営イノベーション1―環境経営イノベーションの理論と実践』中央経済社，2010年，4頁。

4　日本自動車工業会『日本の自動車工業（2015年版）』参照。

5　日本自動車工業会『環境レポート2016』参照。

6　「循環型社会形成基本法」は，発生抑制＞再使用＞再生利用＞熱回収＞適正処分の優先順位を定めている。

7　人間による経済活動を人体の循環系にたとえ，経済活動や企業活動を分析する方法がある。例えば植田和弘『廃棄物とリサイクルの経済学―大量廃棄社会は変えられるか―』（有斐閣，1992年，61-62頁）は，生産や使用の段階を「動脈」系，廃棄物の適正処理やリサイクルの段階を「静脈」系としている。

8　この点については，竹内啓介監修，寺西俊一・外川健一編著『自動車リサイクル―静脈産業の現状と未来―』（東洋経済新報社，2004年），外川健一『自動車とリサイクル―自動車産業の静脈部に関する経済地理学的研究―』（日刊自動車新聞社，2001年），丸山恵也「日本の自動車産業と環境問題」（丸山恵也・小栗崇資・加茂紀子子『日本のビッグ・インダストリー① 自動車』大月書店，2000年）を参照。

第3の点について外川健一同上書は，廃車リサイクルにとって製造ネットワーク（完成車メーカー，部品メーカーなど）と廃車解体ネットワーク（自動車解体業者，シュレッダー業者など）の連携が重要であることを提起しつつ，日本では両者の交流がほとんどないことを指摘している（同書324頁）。

9　ここでは，シュムペーターの議論（『経済発展の理論―企業者利潤・資本・信用・利子および景気の回転に関する一研究』上巻・下巻，岩波文庫，1977年。Shumpeter, J. A., *The Theory of Economic Development*, Harvard University Press, 1933.），ドラッカーの議論（『新訳 現代の経営』上巻・下巻，ダイヤモンド社，1996年。Drucker, P. F., *The Practice of Management*, Harper, 1954.），そして伊丹敬之氏の議論（『先生，イノベーションってなんですか』PHP研究所，2015年）を参考にした。

10　シュムペーターは，企業における生産を物（材料や部品など）や力（労働や機械設備）の結合と捉え，その結合の変化すなわち新結合，革新によって経済が発展すると考えた。新結合には，① 新製品・サービス，新しい品質の製品・サービスの開発，② 新しい生産方法，物流・販売方法の展開，③ 新しい販路の開拓，④ 原料や部品の新しい供給源の獲得，⑤ 新しい組織の実現，がある。シュムペーター，前掲書第2章（上巻）を参照。

11　一橋大学イノベーション研究センター編『イノベーション・マネジメント入門』2001年，4頁参照。

12　この点については，細田衛士『グッズとバッズの経済学』東洋経済新報社，1999年。

13　村松祐二「自動車産業をめぐる新たな競争と規制―自動車リサイクル法制定の背景から―」，上田慧・桜井徹編著『競争と規制の経営学』ミネルヴァ書房，2006年，177頁。

14　拡大生産者責任とは生産者に消費後の製品の管理責任を課すことを意味する。

15　『経済産業ジャーナル（2004年10月号）』の「特集：来年1月からの自動車リサイクル法の本格施行に向けて」を参照。当時，トヨタ自動車環境部長は「自動車メーカーとして，資源の有効利用はどうしても必要ですし，車両の廃棄が上手くできる企業にならなければ競争に勝てません。逆にいえばそれができれば大きな競争力をもつことになります」（8頁）と述べている。

16　経済産業省・環境省『自動車リサイクル法の施行状況（平成22年度版および平成27年度版）』。

17　経済産業省・環境省，同上書（平成27年度版）。

18　主に，トヨタ自動車『環境報告書』（2016年版，2015年版，2011年版，2002年版），トヨタ自動車環境部『クルマとリサイクル』2014年，を参照した。

　また，ASRリサイクルと豊田メタル社については筆者による豊田メタル社へのヒアリング調査（2010年3月17日）に基づいている。

19　寺西俊一・関耕平「自動車リサイクルの課題と展望」竹内啓介監修，前掲書，263頁。

20　具体的には，環境に配慮した保管場所や解体施設を保持しているかというハード面とともに，それを活用して適正処理・リサイクルを行えるかというソフト面が問われることになった。この点について「自動車リサイクル法で確実に良くなるのは，日本の解体業者の再編成をもたらす点かもしれない。廃油の垂れ流し，フロンガスの大気放出といった犯罪行為を能天気におこなってきた悪質業者は，この法律でたぶん100％いなくなるのではなかろうか」という指摘もある（広田民郎『自動車リサイクル最前線』グランプリ出版，2005年，24頁）。

21　日本貿易振興機構『ジェトロ産業レポート 自動車リサイクルビジネスの動向』2006年，3頁。

22　筆者は，2009年2～3月に三重県で3社，2010年3～4月に愛知県で3社，2011年12月に埼玉県で2社の静脈部企業（主に自動車解体業者）を訪問し，事業再構築と能力構築の方向性についてヒアリング調査を行ったが，訪問先はいずれも解体業界では大手に分類される規模で，かつ一定の経営業績をあげている企業であることを明記しておく。解体業界全体は，小規模で家族経営的な事業者も多い。

23　M社のケースについては筆者によるヒアリング調査（2011年12月22日）に基づいている。

24　豊田通商株式会社「プレスリリース」（2014年2月5日発表）および『日経産業新聞』（2014年2月6日付）を参照。

［参考文献］

浅野宗克・坂本清編著『環境新時代と循環型社会』学文社，2009年。
佐藤正之・村松祐二『静脈ビジネス―もう一つの自動車産業論』日本評論社，2000年。
全日本自動車リサイクル事業連合『環境・自動車リサイクル辞典』日報出版，2010年。
吉田文和『循環型社会―持続可能な未来への経済学』中央公論新社，2004年。

Column：エコカー開発と「イノベーションの累積性」

トヨタ自動車は，2015年に環境経営の長期ビジョン「トヨタ環境チャレンジ2050」を策定した。そこには低炭素社会の実現に向けた「新車CO_2ゼロチャレンジ」も位置付けられている。ハイブリッド車や燃料電池車の比率を高め，2050年までに新車走行時のCO_2排出量を9割減らす（2010年比）という目標が設定されている。

この目標を達成するために期待されているのが，2014年12月に発売された世界初の量産型燃料電池車「MIRAI（ミライ）」である。燃料電池車は「究極のエコカー」と呼ばれており，燃料電池（FCスタック）の中で水素と酸素を化学反応させて電気を生み出しモーターを駆動させる。CO_2は排出されない。3分間の水素充填で最大650km走行できるという。

こうした特性に注目すると，燃料電池車はエコカーの中心として普及してきたハイブリッド車とは根本的に異なる非連続的（抜本的）イノベーションなのではないかという印象をもつかもしれない。しかし，燃料電池車ミライの中核的な要素技術（例えばモーター，バッテリー，制御ソフト等）にはハイブリッド車プリウスの技術体系が応用されており，部品の共通化も進められている。また，トヨタの燃料電池車開発の歴史はハイブリッド車開発よりも長く1992年から継続されており，リース販売等で得たデータを開発に反映させてきた。

このように，ミライは従来の製品やそれを支える知識・技術と連続性（漸進性）の強いイノベーションでもある。トヨタの経営陣は「ミライはプリウスを超えるイノベーションだ」と記者発表したが，“ミライはプリウスというイノベーションの地層があったからこそ生まれてきたイノベーションだ”と捉えることも出来るだろう。イノベーションにはこうした累積性があるのだ。

参考）『日本経済新聞』（2014年11月19日朝刊，2015年10月15日朝刊），伊丹敬之『先生，イノベーションって何ですか？』（PHP研究所，2015年）参照。

第 4 章
電機産業と環境経営

キーワード：低炭素社会実行計画，製品ライフサイクル，バリューチェーン

1．はじめに

電機産業は自動車産業と並ぶリーディング産業として，日本の経済成長を牽引してきた。その著名な企業として，パナソニック，ソニー，日立製作所，東芝，富士通，三菱電機など，日本を代表し，グローバルに活動する企業名が挙げられる。また，電機産業は，生活家電などの軽電から電子機器・部品，産業用機器，果ては発電機や変圧器といった重電に至るまで，現代社会のあらゆる領域に深く関わっている。したがって，電機産業に属する企業の活動が地球環境に与える影響は極めて大きく，環境経営を語る上で欠かすことのできない産業であるといえる。

本章では，電機産業における近年の動向に焦点を合わせ，環境経営をどのように遂行しているかについて検討する。具体的には，2011 年以降の活動に着目しながら，電機産業で行われている環境経営を，① 産業や業界団体を横断する取り組み，② 企業を横断する取り組み，③ 各企業における取り組みの 3 つに大別し，議論する。その際，電機産業のなかで実行されている環境経営が，単に業界や企業の社会的責任として果たされているだけではなく，本来の事業と深く結びついている点に注目しよう。すなわち，一方では，市民の環境に対する意識の高まりや国内外での環境規制の強化への対応でありながらも，他方では，それらの動向をビジネス・チャンスと捉え，技術革新や他社との差別化へと結実させることによって，企業の成長や発展につなげていこうとする試みである。同時に，企業の環境経営に対する取り組みが，地球環境保全に寄与しているという事実にも言及していきたい。

本章の構成は以下のようになる。

第2節では，産業や業界団体を横断する取り組みとして，「低炭素社会実行計画」を取り上げ，その内容について検討する。低炭素社会実行計画は，電機産業のみならず，きわめて広範な産業間で連携して実行されている計画である。電機産業を構成する複数の業界団体で協働し，この計画に参画することによって，産業独自の低炭素社会実行計画を策定している。また，産業としての取り組みであると同時に，その後の節にも関連することになる，製品のライフサイクル思考とサプライチェーンという2つのキーワードについても触れていく。

第3節では，企業を横断する取り組みの事例として，日本電機工業会（JEMA）の活動に焦点を当てる。同会の機関誌である『電機』を素材としつつ，2011年から2015年までの期間において繰り返し語られている主要な取り組みを抽出し，それぞれの活動のなかで業界団体がどのような役割を担ってきたかについて述べる。

第4節では，個別企業の取り組みとして，日立製作所，東芝，三菱電機という大手総合電機メーカー3社の事例を取り上げる。ここでは，サステナビリティレポートや環境報告書を題材に，各社がどのような環境経営を遂行しているかについて検討する。

最後に，第5節において，本章で展開した議論を要約すると同時に，「環境経営」に伴う課題について若干の考察を行う。

2．産業・業界団体を横断する取り組み

(1)　低炭素社会実行計画

地球温暖化防止の原因と目されているCO_2等の温室効果ガス（Greenhouse Gas：GHG）の排出削減を目的とする国際的な枠組みとして，1997年に京都議定書が採択された。その後，2010年末にメキシコのカンクンでCOP16（国連気候変動枠組条約締約国会議）が開かれ，京都議定書の第一約束期間（2008年～2012年）終了後の，すなわち2013年以降のポスト京都の枠組みが示さ

れ，2020年までの途上国を含めた地球温暖化防止への世界的な取り組みが合意された。さらに2015年11月から12月にかけて開催されたCOP21では，2020年以降の気候変動に対する国際枠組みであるパリ協定が採択された。このような流れのなか，日本政府は2015年7月に，2030年までに2013年比でGHGを26％削減する約束草案を決定し，国連に登録した。このように，地球温暖化の防止に向けて途上国を含む国際的な規制が高まってきている。

地球温暖化防止に対する取り組みとして，電機産業では，日本経済団体連合会（経団連）の「低炭素社会実行計画」に参加する形で産業独自の実行計画を策定している。

そもそも経団連では，環境保全を基本理念とする1991年の経団連地球環境憲章，地球温暖化対策や循環型経済社会の構築に関する自主行動宣言である1996年の経団連環境アピールを経て，1997年に持続可能な発展の実現を目指す，経団連環境自主行動計画を発表していた。この計画には36業種が参加し，地球温暖化対策と廃棄物対策について各産業が数値目標を掲げ，その結果を定期的に公表・見直しを行ってきた[1]。その後，「2050年における世界の温室効果ガスの排出量の半減目標の達成に日本の産業界が技術力で中核的役割を果たすこと」を共通目標とする低炭素社会実行計画を2009年12月に策定した。同計画の最初の段階（フェーズⅠ）は，①国内の企業活動における2020年までの削減目標の設定，②従業員，消費者，地域住民，NPOなどの様々な主体間での連携の強化，③技術移転や国際的な連携活動に取り組むなどの国際貢献の推進，④温室効果ガス半減という長期目標を達成するための革新的技術の開発，という4つの活動から構成される[2]。さらに2015年4月には，次なる段階（フェーズⅡ）として，フェーズⅠで示された2020年までに加えて2030年までの目標を設定した。2015年10月時点で，54業種がこの計画に参加し，各々の産業の実情に合わせて実行している。

産業を超えた地球温暖化対策が行われるなか，電機・電子産業においては，日本電気工業会，電子情報技術産業協会，情報通信ネットワーク産業協会，ビジネス機械・情報システム産業協会，日本照明工業会の5つの一般社団法人を中心とする「電機・電子温暖化対策連絡会」が設立され，産業独自の低炭素社会実行計画を策定している。具体的には，2012年を基準年度とし，年平均1％

のエネルギー原単位改善率を達成することによって，2020年度までに7.73％以上，2030年度までに16.55％以上の改善を目指している[3]。これらの目標を達成するため，「グローバルな市場を踏まえた産業競争力の維持・向上を図ると同時に，エネルギー安定供給と低炭素社会の実現に資する『革新技術開発および環境配慮製品の創出』を推進し，わが国のみならずグローバル規模での温暖化防止に積極的に取り組んで」[4]いくことを共通目標とし，① ライフサイクル的視点による CO_2 排出削減，② 国際貢献の推進，③ 革新的技術の開発の3点を実行計画（方針）としている。

1つ目のライフサイクル的視点による CO_2 排出削減には，「生産プロセスのエネルギー効率改善／排出抑制」と「製品・サービスによる排出抑制貢献」という2つの重点取り組みが包含される。前者においては，物流効率の改善やオフィスでの省エネ対策も含めたモノづくりにおけるエネルギー効率を向上させることによって，目標年度である2020年度および2030年度に向けて，年平均1％の改善を共通目標とする。後者は，低炭素かつ高効率な製品・サービスの普及を通じて，社会全体のGHGの排出抑制に努めることである。この取り組みには，家電製品，ICT製品，発電システム，ICTソリューション（遠隔会議や物流システムなど）が含まれており，代表的な製品・サービスに関する排出抑制貢献量の算定を行っている[5]。

2つ目の国際貢献の推進には，高効率機器の普及や省エネ性能の評価などの国際的枠組みへの参加，GHG抑制に関する国際標準化，途上国へのGHG削減技術・製品・システム・サービス・インフラの普及がある。具体的な活動として，電機・電子分野の国際標準を定める国際電気標準会議（IEC）への参加，国際省エネルギー協力パートナーシップ（IPEEC）での高効率機器普及促進活動，国際エネルギー機関（IEA）における省エネ評価の実施協定への参加などが挙げられる[6]。

3つ目の革新的技術の開発は，エネルギー需給の両面において，電機と電子機器，さらにはシステムの技術革新を推進することである。詳しくは次節で展開することになるが，一例を挙げるならば，太陽光発電や風力発電を代表とする再生可能エネルギー分野での高効率化や商用化，火力発電の高効率化が含まれる[7]。

以上のように電機産業では，産業を超える取り組みである低炭素社会実行計画に参画しながら，電機・電子産業に関わる業界団体間で協力し，産業全体あるいは各企業による技術革新を積極的に行うことで，地球温暖化防止への取り組みを行ってきた。「はじめに」で述べたように，電機産業は，多様な電気機器や重電・発電機器，電子部品・デバイスなど，産業財から消費財にかけて，われわれの暮らしを構成するきわめて広範な領域に関わっている。そのため，限定された分野のみで環境保全活動を行うのではなく，様々な業界団体との協働を通じて推進することが有効であると考えられる。

(2) 製品のライフサイクル思考とサプライチェーン

電機産業を含むさまざまな産業に該当し，また後の節にも関わることになる，製品のライフサイクル思考とサプライチェーンという環境経営における2つのキーワードに言及しておきたい。

前者のライフサイクル思考は，製造工程（原材料の調達から完成品の生産まで）のみならず，その流通過程や販売後の使用，さらには廃棄に至るまでの一連のプロセスを考慮しながら環境経営を実行することである。したがって，製品のライフサイクルの各段階において，環境に与える影響を可能な限り正確に算定し，評価しなければならない。また，環境負荷低減を図る際，製品単体の改善ではなく，ビジネスモデル全体でどのような低減が可能であるのかを考えることが重要になる[8]。

後者のサプライチェーン・マネジメントについては，一連のサプライチェーンにおいて異なる企業間で情報を共有し連携することによって，効率的な物流システムを構築することであると，一般的に定義される。しかし環境経営においては，単なる物流の効率化としてではなく，自社を含めた関連する企業同士が協力して環境負荷低減に努めることを意味する。サプライチェーンにおける環境負荷低減の取り組みを表す概念として，GHG 排出量の算定および報告に関する世界的な基準である GHG プロトコルで適用されている，「スコープ3」という基準がある。

スコープ1では，化石燃料の消費などによって自社において燃料を使用した際に直接的に排出される GHG が適用範囲となる。スコープ2は，企業活動に伴うエネルギー使用など，外部から購入した電力や熱の使用に伴う間接的なGHGの排出である。そしてスコープ3は，関連企業やサプライヤー，消費者などを含めた，自社の事業活動の範囲外でのGHGの間接排出を意味する。近年，企業単体での温暖化対策だけでなく，サプライチェーンを含めた環境負荷低減が求められるようになっている。したがって，環境経営を遂行するためには，異なる産業や企業の間でGHG排出量などの情報を共有し，その削減に向けた協働体制をいかに構築するかが問われている[9]。

次節では，企業を横断する取り組みを検討するために，業界団体のなかでどのように環境保全活動を遂行しているのかについてより詳しく見ていきたい。前項で触れた電機・電子温暖化対策連絡会を構成する5団体のなかでも，家電および重電分野の業界団体である日本電機工業会に着目し，その業界誌『電機』において，2011年以降にどのようなテーマが取り上げられてきたかについて見ていこう。

3．企業を横断する取り組み
—日本電機工業会（JEMA）の事例から—

JEMAでは，環境経営を電機産業の重要な柱として位置づけている[10]。そのことは，近年における会長の年頭所感のなかで，「エネルギー・環境戦略」が業界における最重要課題であると表明していることからもうかがえる[11]。以下では，JEMAの機関誌である『電機』を素材として，2011年から2015年までの期間において，環境経営に関して繰り返し取り上げられてきた主要な取り組みを抽出し，その概要を述べる。

(1)　エネルギーミックス

エネルギーミックスは，多様なエネルギー源を様々な観点から検討することによって，最適なエネルギー需要構造を考えることである。エネルギー産業それ自体については次章で再び取り上げるため，ここでは電機産業に関わる要点のみを記したい。

現在，利用可能なエネルギー源として，石油，石炭，天然ガス，再生可能エネルギー，原子力などがある。これらの各エネルギー源は，安全性，安定供給，経済効率性，環境適合の観点から評価され[12]，どのように組み合わせるべきかについて検討される。2015年4月に，日本政府は2030年エネルギーミックス案を策定し，カーボンフリー電源として原子力および再生可能エネルギーを44%，化石燃料を56%とする計画を発表した。そして前述したように，同年7月に提示した約束草案において，2030年までに温室効果ガスの排出量を2013年比で26%削減することを企図している。

火力発電は，現時点で最も利用されている発電システムである。従来より火力発電に依存する割合は大きかったが，とりわけ2011年3月の福島第一原子力発電所の事故を契機とする原子力発電所の稼働停止後は，全電力のうち約9割のエネルギーを生み出すなど，火力発電に大きく依存している[13]。そのため，再生可能エネルギーが本格化するまでは，火力発電における省エネルギー化が急務であるといえる。また，再生可能エネルギーとして，太陽光，風力，バイオマス，小規模水力，地熱などの発電システムがあり，それぞれにおいて効率を向上させ普及するために，安価に発電できるような技術革新が望まれている。

JEMAを含む電機産業は，政府のエネルギー政策に対して，市場や競争の基盤をつくるための業界を挙げた提言を行ってきた。たとえば，再生可能エネルギーについては，「最大限の導入を促進する一方で，需要家の過度な負担にならない制度・運用への見直し，更に普及拡大のための環境整備，規制緩和の促進」を提言したり，政府のエネルギー基本計画に対して「エネルギー安全保障・環境・経済性・実現性を踏まえたエネルギーミックス策定を含め具体的な施策と実行」[14]を請願したりするなどの活動である。

(2) スマートグリッド

スマートグリッドとは，「(a)ネットワークユーザやその他の利害関係者の振る舞いや行動の統合，(b)持続可能で経済的かつ安全な電力供給の効率的な提供，を目的とし，これらの目的を達成するための，情報交換と制御技術，分散コンピューティングと関連するセンサー及びアクチュエータを活用した電力供給システム」[15]であり，いわゆる電力ネットワークシステム全体を高度化・最適化する仕組みである。スマートグリッドについては，電機・電子に関する国際的な標準化や規格作成を行うIECにおいて，急速に標準化が進められている。スマートグリッドを実施するためには，① 送配電系統の監視・制御技術，② 需要家側のエネルギーマネジメント技術，③ 系統の効果的運用が可能となる先進技術，④ 先進的なインターフェイス技術，という広範な技術革新が必要である[16]。

現在，スマートグリッドは，様々な場所に適用されるよう試みられている。例えば，各家庭では，再生可能エネルギーを含めた家庭内の電力最適化を行う，家庭内エネルギー管理システム（Home Energy Management System：HEMS）の導入が進められている。すなわち，エアコン，ヒートポンプ給湯器，冷蔵庫，テレビ，IHクッキングヒーター，太陽光発電などの家電機器や住宅設備機器をホームネットワークで連結することによって，家庭全体でのエネルギー消費量をマネジメントしつつ，太陽光発電などの再生可能エネルギーを用いて，消費されるエネルギーを最適化しようとする試みである。そのため，HEMSを導入するためには，各電機・電子機器を有機的に結合しつつ，そのエネルギー消費に関する情報を収集および計測しながら，様々な種類のエネルギーを制御する技術が必要不可欠となる。

また，工場においては，工場向けエネルギー管理システム（Factory Energy Management System：FEMS）が注目されている。FEMSは，「工場のエネルギー需要を満たした上で自家発設備の最適な運用を行い，燃料などの一次エネルギー消費量を削減することを目的としたシステム」である[17]。GHG排出削減において，個々の設備単位での改善は既に実施されているため，これ以上の大幅な改善は難しい。そのため，設備単体での削減よりも，工場の動力設備全体での効率化が注目されてきた。さらに，ビルなどの建物におけるエネルギー管理システムであるBEMS（Building Energy Management System）や，それらを含めた地域内でのエネルギー管理システムであるCEMS（Community Energy Management System）がある。

⑶　トップランナー制度を活用した製品の省エネルギー化

家電製品の省エネルギー化においては，エネルギーの使用の合理化等に関する法律（省エネ法）によって後押しされてきたという歴史的経緯があるが，なかでもエネルギー消費効率の改善方法であるトップランナー制度が重要な役割を果たしてきた。トップランナー制度とは，「もっとも省エネ性能の高い製品（トップランナー）よりも高い性能を目標基準値（トップランナー基準）として設定し（トップランナー方式），目標年度（3年～10年後）において，出荷製品の省エネルギー性能（エネルギー消費効率）の加重平均が目標基準値を下回らないようにする」[18]制度である。1998年に省エネ法が改正された際，自動車や家電などにトップランナー方式による省エネ基準が導入された。近年における家電製品の省エネルギー技術の特徴として，コンプレッサなどのハードの技術のみならず，センサーによる省エネ運転やユーザーへの節電行動の支援などのソフト面における技術革新が挙げられる[19]。JEMAでは，トップランナー制度における目標年度および目標基準値を設定する経済産業省のワーキンググループに参加するなどして，目標決定に関わってきた。また，機器の消費電力を正確に測定するためのJIS規格の改正にも関与している。

産業用電気機器の省エネルギー化もまた，省エネ法によって強力に後押しされてきた。産業用電気機器のなかで，省エネ法が定めるトップランナー方式が採用される対象品目として，変圧器と三相誘導電動機がある。変圧器は，商業ビルや工場の受変電設備などで使用され，高圧の電圧を低圧へと変換する機器である。設置数が非常に多く，24時間稼働しているためエネルギー消費効率改善が有効な機器である[20]。また，三相誘導電動機（産業用モータ）は，「三相交流の電力を動力に変換する機器であり，産業部門においてポンプ，送風機，圧縮機などの多様な用途で幅広く利用」[21]される機器である。産業用モータは，2013年度からトップランナー方式の対象として新しく追加された。新規に追加された理由は，産業用モータによる消費電力量が，日本の産業部門の消費電力量の75%，消費電力量全体の約55%を占めるというように，非常に大きなエネルギー消費を行う機器となっていたからである[22]。産業用モータの省エネ化は，主に負荷に応じた回転数と出力の最適化を図ることで行われる。JEMAは，家電製品の省エネ化と同様に，目標や規格の設定，普及促進に取り組んでいる。

(4) リサイクルと化学物質の排出抑制

リサイクルに関して，2013年4月から小型家電リサイクル法が施行された（コラム参照）。また，2013年5月には，第三次循環型社会形成推進基本計画を政府が策定し，廃棄物の適正処理を含めた循環型社会構築の姿勢を打ち出した。JEMAでは，他の業界団体と連携し，環境自主行動計画（循環型社会形成編）を推進しながら，廃棄物・リサイクル関連法規制に関して政府と意見交換をしたり，会員企業に対し廃棄物に関するコンプライアンス向上のセミナーなどを行った[23]。

これまでに述べてきた温暖化対策に加えて，化学物質の管理も世界的に求められるようになっている。2002年にヨハネスブルグで開催された世界首脳会議において，アジェンダ21の「有害化学物質の環境上適正管理」が再確認されると同時に，「2020年までに化学物質の製造・使用が人の健康と環境にもたらす著しい悪影響を最小化すること」が決められた[24]。2006年にドバイで開かれた国際化学物質管理会議では，2020年の目標を達成するための戦略が採択された。そして，欧州では，電気電子製品に対する有害物質の制限指令であるRoHS指令（Restriction of the use of certain Hazardous Substances）や化学物質の登録・評価・認可および制限に関する規則であるREACH規制（Registration, Evaluation, Authorization and Restriction of Chemicals）が定められ，製品に含まれる有害化学物質の制限や情報収集・伝達が義務付けられた。よって，自社の活動だけでなく，サプライチェーンを通じた含有化学物質の管理が必要となっている。JEMAでは，法規制に関する情報を収集し，ロビー活動を行うにあたり，業界のなかで共通認識を形成しようと試みた[25]。

ところで，これまでに述べてきた業界を挙げての環境技術への積極的な取り組みは，社会的責任としての地球環境問題への関心の高さに加え，激しいグローバル競争の中での，市場機会の拡大や国際標準への対応という狙いが含まれている[26]。また，日本の電機産業が後発国のメーカーとの競争に打ち勝つための重要な競争優位の源泉であると強く認識されている[27]。

4．企業における取り組み―大手総合電機メーカーの環境経営―

本節では，日立製作所，東芝，三菱電機の大手総合電機メーカー3社を取り上げ，各社の環境経営に対する取り組みについて考察する。具体的には，各社における2015年度のサステナビリティレポートや環境報告書を検討し，その中で語られている主要な活動を取り上げ[28]，どのような環境経営を行っているのかを明らかにする。

(1) 日立製作所

日立製作所（日立）では，「環境」を重要項目と見なしており，「『地球温暖化の防止』『資源の循環的な利用』『生態系の保全』を重要な3つの柱」としている。そして，長期的な計画として「環境ビジョン2025」を定め，「2025年度までに製品を通じて年間1億トンのCO_2排出抑制に貢献する」ことを目標として掲げている[29]。同社は，このビジョンを実現すべく，環境保全への取り組み方針を示した環境保全行動指針を策定した。そして行動指針を実行するために，活動項目と目標を設定した環境行動計画の策定・実行・改善というプロセスを通じて環境経営を行っている。この環境行動計画は，「環境戦略を経営戦略へ組み込んでいくために，日立グループ『2015中期経営計画』にあわせて3年計画」[30]で策定される。たとえば，「環境行動計画2013-2015」では，①環境管理システムの構築（環境活動レベルの向上，生物多様性の保全），②エコプロダクツの推進（環境適合製品の拡大，製品によるCO_2排出量の抑制），③エコファクトリー&オフィスの構築，④地球温暖化の防止（エネルギー使用量原単位改善），⑤資源の有効活用，⑥化学物質の管理，⑦地球市民活動，という7つの主要指標が含まれており，それぞれの活動を数値化することで，目標に向けた達成度が測れるようになっている。また，日立の環境経営は，経営トップを巻き込んで意思決定されているようである。2013年10月に，CSR本部と地球環境戦略室を統合してCSR・環境戦略本部を設け，環境活動に関する重要事項を社長が議長を務める経営会議で審議する構造を築いている[31]。

環境経営に対する日立のアプローチは，製品・サービスへの環境配慮を重要視し，「環境配慮の基準を満たした『環境適合製品』の開発と拡大，製品の資源循環や含有化学物質管理を通じて，製品・サービスのライフサイクル全般にわたる環境負荷の低減」[32]を図ることである。このアプローチは，調達，製造，流通，使用，回収分解，適正処理・再利用という製品・サービスといった一連のライフサイクルの観点から行われ，環境適合製品の開発・普及・評価，そしてリサイクルやリユースなどの資源循環が推進されている。

同様に，ライフサイクルおよびサプライチェーンを踏まえた化学物質の管理も行っている。すなわち，事業活動で使用される化学物質を，禁止・削減・管理の３段階で評価し，リスク管理が遂行されている。加えて，化学物質の取扱者や管理者に対する教育を施すことでリスク低減を図っている。その他にも，法規制よりも厳しい自主管理基準に基づく環境コンプライアンスの実行，グループ内での環境法規制や違反事例の情報共有，環境省の環境会計ガイドラインに沿った環境会計，ステークホルダーへの環境に関する情報の開示，を取り入れている。

注目すべきは，サステナビリティレポートのなかで，環境経営を推進することが企業の社会的責任であるだけでなく，事業拡大に貢献すると明記されている点である。たとえば，各国・地域で高まっているCO_2排出量削減などの環境規制は，「日立の省エネルギー機器，高効率機器のビジネス拡大」に結合することが期待でき，スマートシティのような都市規模の省エネルギー化は，「環境に配慮したソリューションを各国・地域のニーズに合わせて提供し，事業の拡大を図」ることに寄与すると書かれている。また，地球温暖化の影響と見なされる台風の大型化や降水量の増加などの災害は，「防災情報システム構築などのビジネス」に結合するという。さらに，「地球温暖化への取り組みが不十分であった場合，評価が低下する，地球環境への配慮のない製品・サービスは市場に受け入れられない，などのリスクが生じる」と理解されている[33]。

(2)　東芝

東芝は，早期から環境経営に取り組んできた企業の１つである。同社は

1988 年に，各工場の環境対策業務を統括する「環境管理センター」を本社に設立した。1989 年には，社内で「環境管理基本規定」を制定するとともに，すべての工場および事業本部に環境の専門部署を設置して環境担当者を配置した。さらに，1990 年に地球環境問題解決を含んだグループスローガンと経営理念の変革を行った[34]。また，1998 年度から環境報告書を発行するなど，ステークホルダーに向けて環境に関する情報を提供してきた。その結果，気候変動問題や GHG 排出量に関する評価を行う機関である CDP の調査や日経環境経営度調査などで高い評価を得てきた[35]。

同社は，「地球と調和した人類の豊かな生活」をスローガンとして，これを 2050 年までに達成する目標を掲げ，「環境ビジョン 2050」を設定している[36]。そして，当面の目標として，6 つの成果指標と 4 つの環境戦略から成る 2015 年までの環境グランドデザインを定めた。この環境グランドデザインに含まれる，ECP（Environmentally Conscious Products；環境調和型製品）拡大戦略，高効率モノづくり戦略，コンプライアンスマネジメント戦略，コミュニケーション戦略という 4 つの戦略は，2012 年度から 2015 年度までを活動期間とする第 5 次環境アクションプランのなかで実行可能な活動として具現化されている[37]。このプランでは，「Green of Product」，「Green by Technology」，「Green of Process」「Green Management」という「4 つの Green」に基づいて具体的目標が設定され，実行されている。

1 つ目の「Green of Product」とは，「開発するすべての製品で『環境性能 No.1』を追求し，製品ライフサイクルで環境負荷低減をめざす」[38] ことである。事業戦略や商品企画の段階で具体的な環境性能を設定し，製品仕様に反映させる。そして開発・設計において製品環境アセスメントを行う。その上で，製品商品段階において環境性能の達成状況および ECP 基準の達成度を確認する。このように，ライフサイクルにおける様々な段階での取り組みによって，環境性能の高い製品を開発・販売できると同時に，温暖化防止，資源の有効活用，含有化学物質の管理が行うことができるとされる。

2 つ目の「Green by Technology」では，低炭素エネルギー技術を主軸とし，エネルギー分野での安定供給と地球温暖化防止が目標とされる。現在，いまだ火力発電が世界的に主力であるため，火力発電の効率化が喫緊の課題である。東芝は，ガスによる火力発電において，高効率・高性能なガスタービンと蒸気タービン・発電機を組み合わせたコンバインドサイクル発電設備によって，効率性の高い発電システムを達成している。石炭火力発電においても高温に耐久力のある材料の開発とタービン機器の検証試験により，高効率な発電設備に努めている。また，CO_2 を排出しないという理由から，原子力発電にも力が入れられている。加えて，太陽光発電や地熱発電，風力発電などの再生可能エネルギーの導入が図られている。その他にも，蓄電システムやコミュニティ規模でのエネルギー制御システムなど，発電以外のエネルギーシステムが研究・開発されている。

３つ目の「Green of Process」は，生産工程における低環境負荷を意味する。これは，「エネルギー使用状況を適切に把握し効果的な設備運用改善や高効率設備導入を図る『工場インフラの効率化』」および「モノづくりにかかわるあらゆる部門と協働してサステナブルなモノづくりをめざす『プロセス革新』」という２つから成り立つ[39]。そうすることで，エネルギーや GHG 排出量削減による地球温暖化の防止，廃棄物の削減や再利用による資源の有効活用，化学物質の使用量削減・代替化と適正管理による化学物質の管理などが目指されている。

４つ目の「Green Management」は，「環境活動を担う人財の育成と環境マネジメントシステムや環境コミュニケーション，生物多様性保全などの環境経営基盤の継続的向上を図る取り組み」[40]である。環境経営に関わる全社レベルの方針や戦略の立案は，前述した環境推進室によって行われる。そして，半期ごとに開催され，環境担当役員が議長を務める「コーポレート地球環境会議」には，経営幹部，各社内カンパニーや主要グループ会社の環境経営責任者，海外の地域統括環境推進者が出席する構造を採用している。また，環境レポートによれば，環境経営に関する教育・人財育成，環境監査，環境会計，環境リスク・コンプライアンスなどにも注力しているようである。

前項の日立と同じく，東芝においても，環境経営と事業活動との連関が意識されている。同社のホームページにおける代表取締役社長の言葉として，「本業を通じた社会への貢献」が謳われている[41]。

(3) 三菱電機

三菱電機では，「グローバル環境先進企業」を旗印に，環境経営を推進している。同社の創立100周年となる2021年を目標年とした「環境ビジョン2021」に向けて3年ごとの環境計画を策定している。環境計画においては，低炭素社会に向けた取り組み，循環型社会の形成，生物多様性の保全の3つを柱とし，2015年度から2017年度までの第8次環境計画を定めた[42]。

低炭素社会については，エネルギー効率の高い製品の開発やライフサイクルを通じたGHGの削減，事業活動による排出（スコープ1および2）に加え，事業活動範囲外での間接的排出（スコープ3）についても把握し，排出量を算定しようと試みている[43]。循環型社会の形成には，資源投入量の削減，使用済み製品のリサイクル，廃棄物最終処分率の低減，使い捨て包装材の使用量削減，水の有効利用が含まれる。そして，生物多様性の保全を推進するために，三菱電機は2010年5月に「グループ生物多様性行動指針」を策定した。この指針では，事業活動と生物多様性への配慮の両立が目指されており，① 資源と調達，② 設計，③ 製造と輸送，④ 販売と使用・保守，⑤ 回収とリサイクル，⑥ 理解と行動，⑦ 連携，という7つの行動のなかで，それぞれ生物多様性保全に向けてどのように行動すべきかが示されている[44]。また，生物多様性の保全を組織成員間で共有するために，社員とその家族，地域が自然に触れながら環境に対する考え方を育むことを意図する「みつびしでんき野外教室」の開催，身近な自然回復を目的とする里山保全プロジェクト，調達段階におけるグリーン調達基準書に基づく調達活動を行っている。

さらに，調達，生産，輸送，使用，廃棄／リサイクルというバリューチェーンの各段階において，GHGの排出削減，資源の有効活用，環境汚染防止，生物多様性などを推進中である。すなわち，調達段階においては，グリーン調達，グリーン認定，RoHS指令およびREACH規制への対応が，次の生産段階では，生産ラインでのCO_2削減や太陽光発電の導入，資源投入量の削減，廃棄物の分析，リサイクル物流システムの構築が図られる。輸送段階では，鉄道輸送への切り替えや使い捨て包装材の使用量削減によって環境負荷低減が遂行され，使用段階では，製品自体の性能向上を図ることで，製品使用時のCO_2削減が狙いとなる。最後の廃棄／リサイクル段階では，使用済み製品のリサイクルやレアアースの回収とリサイクルが行われる。そして，これらの各段階を横断する形で，環境配慮設計，環境技術開発，化学物質の管理と排出抑制，自然共生社会の実現が図られることで，どの段階においても同じ観点から環境経営が推進できる仕組みを採っている[45]。

その他にも，これまで検討してきた２社と同様に，環境省環境会計ガイドラインに基づく環境会計を実施するとともに，環境保全コスト，環境保全効果，環境保全対策に伴う経済効果を集計する取り組みを行ってきた。

三菱電機においても，「『グローバル環境先進企業』を目指して事業活動を行うことが，2020年度までに達成すべき成長目標として掲げた連結売上高５兆円以上，営業利益率８%以上の実現につながるものであると考え」られている[46]。すなわち，ここにおいても，電機製品を開発・製造・販売するという本来の事業活動と環境経営との結びつきが意識されているのである。

５．むすびにかえて

本章では，電機産業における環境経営について，産業・業界団体を横断する取り組み，企業を横断する取り組み，そして各企業による取り組みの３つに区分して論じてきた。第２節において，産業・業界団体を横断する代表的な取り組みとして経団連による低炭素社会実行計画があり，電機産業もこれに参加していることを確認した。そして，電機産業に属する様々な業界団体が協働し，①ライフサイクル的視点によるCO_2排出削減，②国際貢献の推進，③革新的技術の開発という３つの実行計画を打ち立て，産業独自の低炭素社会実行計画を策定していることを述べた。

第３節では，企業を横断する取り組みの事例として日本電機工業会を取り上げ，その機関誌である『電機』を基に，業界のなかでどのような事項が環境経営の重要なテーマとなっているかを検討した。同会は重電および白物家電を領域とする一般社団法人であるため，エネルギーや家電に関する分野における環境経営を追求している。具体的には，エネルギーミックスやスマートグリッド，トップランナー制度による省エネルギー化，リサイクルや化学物質の管理などが主要なテーマであり，それぞれについて政策提言や業界標準の策定，高効率製品の普及促進を業界団体として推進することで，日本の電機産業が事業を行い競争する基盤をつくろうと試みていることが読み取れた。

最後に，第4節において，個別企業による環境経営の取り組みとして，大手総合電機メーカーである日立製作所，東芝，三菱電機によって実行されている環境経営を，各社が発行するサステナビリティレポートや環境報告書に基づき記述した。この3社はいずれも環境経営を最重要課題として位置づけ，経営トップを巻き込んで環境負荷低減に向けた努力を行っていた。とりわけ，環境に配慮した製品の開発・普及やスマートグリッドなどのエネルギーシステムに関する技術革新を通じて，地球環境保全に貢献する姿勢が見受けられた。

各メーカーが明確に意識していたように，グローバル規模で環境規制が強まり，環境基準やガイドラインなどの国際標準がつくられるなかで，積極的に環境経営を取り入れなければ，競争の舞台から遠ざかってしまうことは事実であろう。また，消費者の環境に対する意識が高まるなかで，魅力的な環境対応製品を生み出すことが各社の市場創造や競争優位性につながると考えられる。たとえば白物家電では，日経産業地域研究所が2014年4月に行った調査において，「環境保全」が消費者の購買意欲を誘起する重要な要素であること，そして「実用・科学・環境」といった情報が購入の決め手となることが明らかにされた[47]。したがって，環境をめぐる国内外の規制に対応するためにも，競合他社との競争に打ち勝つためにも，さらには消費者に強く訴求し自社の市場を確保するためにも，電機産業の今後のビジネスにとって，積極的に環境経営を遂行することが必要であると考えられる。また，各電機メーカーの環境経営に対する積極的な取り組みは，地球環境保全に有益な結果をもたらすと期待できる。

とはいえ，環境経営を推進することは決して万能薬とは言えない。本章が主な素材とした，業界団体や企業が発信している情報とは異なる視点から考えてみると，環境経営に伴う課題があるように思われる。ここでは，電機産業に関連する2つの課題を指摘することでむすびにかえたい。

1つ目は，環境経営はあくまでもそれを包含するCSRや事業活動の一部であるという点である。良き企業市民となるためには，環境経営以外にも，さまざまな社会的責任を遂行しなければならない。たとえば環境経営に関して先進的な取り組みを行ってきた東芝は，2015年に不正会計事件を起こした。たとえ環境経営において先進的な企業であっても，その他の社会的責任を果たせなければ，企業イメージの低下につながりかねない。現代社会において，環境経営のあり方が問われているのと同様に，環境経営も含めたCSRをどのように構築し実行するかが問われているのではないだろうか。また，事業活動と環境経営の関係性も重要である。営利企業である以上，さまざまな環境に対する取り組みは，あくまでも事業活動の一環として行われる。したがって，たとえ環境経営に注力したとしても，本来の事業活動が不振に陥った場合，環境経営を継続することが困難になる。たとえば，シャープも環境経営を積極的に推進してきた企業であるが，業績の低迷により，台湾の鴻海精密工業による買収が進められた。したがって，環境経営を事業活動の強みに結実させる経営努力が不可欠であろう。

2つ目は，「環境経営とは何か」に関する議論の必要性である。その好例として，原子力発電が挙げられる。原子力発電それ自体は，多様な観点や尺度から評価することができることは疑いようがない。たとえば，『電機』における2010年の会長の年頭所感では，「CO_2を排出しない供給安定性に優れた原子力発電は，地球温暖化対策とエネルギーセキュリティを両立させる切り札」であると高く評価され，「官・民・研究機関と連携を密に，グローバル市場の中で，わが国原子力産業の確固たる地位を確立」し，「世界の原子力発電の推進とCO_2削減に貢献」[48]する姿勢が打ち出されていた。確かに，CO_2低減という観点からみれば，「エコ」な発電システムなのかもしれない。しかしながら，いまだ記憶に新しい福島第一原子力発電所の事故に鑑みると，事故が発生したときにはその地域に住むことが困難になるような途方もない環境負荷が発生するリスクが内在しており，また莫大な事故処理費用が掛かることも事実である。さらに，通常の稼働においても恒常的に放射性廃棄物が排出され，とりわけ高レベル放射性廃棄物の管理には10万年にもおよぶ歳月が必要であるといわれている。CO_2削減という1つの視点だけではなく，メリットとデメリットの双方について多様な視点から幅広く検討するために，さまざまなステークホルダーとの議論が求められるのではないだろうか。原子力発電の事例に限らず，「環境経営」といった場合，誰にとって，いかなる意味で環境にやさしいのかに関する民主的な議論が不可欠であると考える。

［注］

1　日本経済団体連合会「経団連環境自主行動計画の概要」（http://www.keidanren.or.jp/japanese/policy/pol133/outline.html）。
2　日本経済団体連合会「経団連　低炭素社会実行計画」（http://www.keidanren.or.jp/japanese/policy/2009/107.html）。
3　電機・電子温暖化対策連絡会『電機・電子業界の温暖化対策　低炭素社会の実現をめざす私たちの取り組み』5頁。
4　電機・電子温暖化対策連絡会ホームページ「電機・電子業界　低炭素社会実行計画について」（http://www.denki-denshi.jp/about.php）。
5　同ホームページ「生産プロセスの取り組み」（http://www.denki-denshi.jp/process.php）および「製品・サービスによる貢献」（http://www.denki-denshi.jp/service.php）。
6　同ホームページ「国際貢献の推進」（http://www.denki-denshi.jp/propulsion.php）。
7　同ホームページ「革新的技術の開発」（http://www.denki-denshi.jp/introduction.php）。
8　齋藤潔「地球環境問題を考える　I．エコデザイン（環境配慮設計）を考える」日本電機工業会『電機』2011年6月号，44-49頁。
9　齋藤潔「地球環境問題を考える　II．サプライチェーンマネジメントを考える―“スコープ3”カーボンマネジメント」『電機』2011年8月号，17-22頁，および「地球問題を考える　III．温室効果ガス（GHG）排出量の算定・報告・検証―国際標準化の動向」『電機』2011年10月号，14-17頁。
10　『電機』2013年6月号，26頁。
11　『電機』2014年1月号，6頁，および2015年1月号，6頁。
12　経済産業省資源エネルギー庁「エネルギーミックスの策定について」『電機』2015年10月号，4-6頁。
13　環境省『環境白書／循環型社会白書／生物多様性白書（平成27年版）』2015年，21頁。
14　『電機』2014年6月号，25頁。なお，ここで引用した箇所以外にも，国のエネルギー政策に対してたびたび提言や要望を行っている。たとえば，この引用文の次には以下のような提言・要望が書かれている。「わが国産業全体，そして国民生活にとって，安全を大前提にエネルギーの安定供給と競争力のあるエネルギー価格維持は極めて重要であり，原子力規制委員会により安全性が確認された原子力発電所の再稼働については，着実かつ速やかにおすすめ頂きたいと要望致します」。その他にも，高効率な火力発電の国際的な普及や再生可能エネルギーを浸透させるための基盤づくりに関しても毎年のように提言を行っている（日本電機工業会『電機』2015年4月，19-21頁）。
15　谷口治人「わが国におけるスマートグリッド構築にむけての展望」『電機』2012年8月号，4頁。
16　新エネルギー・産業技術総合開発機構『NEDO再生可能エネルギー技術白書』536頁。
17　青木啓志，海野友宏「重電業界の動向その4　自家発電分野の技術変遷と最新技術―環境対策―」『電機』2011年10月号，26頁。
18　西本猛史「家電機器における省エネルギーへの取組み」『電機』2015年10月号，26頁。
19　同上論文，28頁。
20　野長瀬圭一「産業用電気機器・システムにおける省エネルギーへの取組み」『電機』2015年10月号，21頁。
21　同上論文，22頁。
22　『電機』2014年12月号，31頁。
23　菊地英明「循環型社会構築を巡る動向と電機・電子業界の取組み〈2〉製造事業所における廃棄物・

リサイクル対策」『電機』2015年1月号，24頁。
24　竹中みゆき「製品含有化学物質管理を巡る動向と業界の取組み」『電機』2012年12月号，13頁。
25　同上論文，13-14頁。
26　『電機』2011年1月号，11頁。
27　たとえば，次のような会長交代記者会見における会長の発言に強く現れている。「我々が，このJEMAにおいても大きな，次なる事業の候補として位置付けているスマートシティにしろ，HEMSにしろ，BEMSにしろ，そういう環境を基軸とした事業構造，これは従来の韓国企業，中国企業との競争とは違う土俵になるわけです。そういったものをきちんと作っていければ，日本の技術，ビジネス構想力，また日本独特の丁寧な商品力，サービス力，こういったものが評価されるのは間違いないと思います」(『電機』2012年8月号，15頁)。
28　紙幅の都合により，主要な活動のみを取り上げた。より詳細な取り組みや具体的な数値等については，各社のサステナビリティレポートおよび環境報告書を参照されたい。
29　日立製作所CSR・環境戦略本部『日立グループ　サステナビリティレポート2015』(http://www.hitachi.co.jp/csr/download/pdf/csr2015.pdf) 60頁。
30　同上資料，62-63頁。
31　同上資料，65頁。
32　同上資料，71頁。
33　同上資料，70頁。
34　日刊工業新聞社編『エコ・リーディングカンパニー東芝の挑戦—環境経営が経営を強くする—』日刊工業新聞社，2015年，18-19頁。
35　同上書，13頁。
36　東芝『東芝グループ環境レポート』(http://www.toshiba.co.jp/env/jp/communication/report/pdf/env_report15_all.pdf) 13頁。
37　同上資料，16頁および19頁。
38　同上資料，25頁。
39　同上資料，43頁。
40　同上資料，56頁。
41　東芝ホームページ「CSR　企業の社会的責任　トップコミットメント」(https://www.toshiba.co.jp/csr/jp/policy/message.htm)。
42　三菱電機『環境報告2015』(http://www.mitsubishielectric.co.jp/corporate/csr/backnumber/pdf/2015/eco.pdf) 7頁。
43　同上資料，91頁。
44　同上資料，181頁。
45　同上資料，62-63頁。
46　同上資料，6頁。
47　『日経消費インサイト』2014年6月号，20-21頁。
48　『電機』2010年1月号，5頁。その他にも，2010年3月号の記事では，低炭素社会を実現するために，2020年での原子力発電比率を40%以上にすることが必須であると主張されていた(『電機』2010年3月号，7頁)。

[参考文献]

岡本眞一編著『環境経営入門　第2版』日科技連，2013年。
月間廃棄物編集部「特集　小型家電リサイクル制度の行方」『月間廃棄物』2013年2月号，2-15頁。
月間廃棄物編集部「特集　小型家電リサイクル制度の進捗」『月間廃棄物』2014年2月号，2-7頁。

月間廃棄物編集部「排出事業者向け小型家電リサイクルセミナー」『月間廃棄物』2014年5月号，企画1-5頁。
小林光編著『環境でこそ儲ける』東洋経済新報社，2013年。
庄子真憲「小型家電リサイクル制度の趣旨と今後の展望」公益社団法人全国都市清掃会議『都市清掃』第67巻第320号，2014年7月，325-331頁。
菅邦弘「電機・電子業界の低炭素社会実行計画」『日本情報経営学会誌』2011年8月，第132号，26-33頁。
鈴木幸毅・所伸之『環境経営学の扉』文眞堂，2008年。
電機・電子温暖化対策連絡会ホームページ（http://www.denki-denshi.jp/index.php）。
東芝『東芝グループ環境レポート2015』（http://www.toshiba.co.jp/env/jp.communication/report/pdf/env_report15_all.pdf）。
日刊工業新聞社編『エコ・リーディングカンパニー東芝の挑戦―環境経営が経営を強くする―』日刊工業新聞社，2015年。
日本経済団体連合会ホームページ（http://www.keidanren.or.jp/）。
日本電機工業会『電機』2010年～2015年。
日本経済新聞社編『電機・最終戦争―生き残りへの選択』日本経済新聞社，2012年。
日立製作所CSR・環境戦略本部『日立グループ　サステナビリティレポート2015』（http://www.hitachi.co.jp/csr/download/pdf/csr2015.pdf）。
三菱電機『環境報告2015』（http://www.mitsubishielectric.co.jp/corporate/csr/backnumber/pdf/2015/eco.pdf）。
村田徳治「レアメタルと小型家電リサイクル法」廃棄物処理施設技術管理協会『環境技術会誌』2014年，第155号，302-305頁。

Column：小型家電リサイクル法

2013年4月1日に，「使用済小型電子機器等の再資源化の促進に関する法律（小型家電リサイクル法）」が施行された。使用済の小型家電を回収するボックスを目にしたことのある方も多いのではないだろうか。この法律は，廃棄される小型家電に含まれる有用金属などの資源の再利用，含有される有害物質の適正な処理，廃棄物の減量化などを目的として制定された。これと似て非なる法律に，テレビ，冷蔵庫，洗濯機，エアコンの4品目のリサイクルを行う「特定家庭用機器再商品化法（家電リサイクル法）」がある。家電リサイクル法では，排出者が料金を支払い，家電メーカーにリサイクルを義務付けている。他方，小型家電リサイクル法では，消費者が排出した小型家電を市町村や小売業者が回収し，それを認定事業者に引き渡し処理を行うというように，義務者が存在せず，関係者が自発的にリサイクルを行うという意味で「促進的」な制度といわれる。

この仕組みにおいて，関係者はそれぞれに応じた協力が必要である。家電メーカーは，易解体設計，原材料の種類の統一化などの環境配慮設計，再生材の利用を行う。消費者は，市町村が定める方法で適切に排出する。市町村や小売業者は，回収にあたって簡便に使用済み小型家電を排出できる仕組みを整える。そして，認定事業者は小型家電を引き取り，廃棄物処理基準に基づいて適正に処理しなければならない。

たとえリサイクルを行う制度が整ったとしても，リサイクルを行うヒトが行動しなければ，その制度は無意味となる。環境負荷低減に向けて，本章で中心的に論じてきた企業の努力だけでなく，われわれ消費者も協力が必要であろう。消費者の協力によってリサイクル率が上がれば，企業にとってより一層環境経営を推進する動機につながり，結果としてリサイクルしやすい製品の開発や資源の再利用につながることが期待できる。

第5章
エネルギー産業と環境経営

キーワード：脱原発・脱化石燃料，再生可能エネルギー，水素社会

1．再生可能エネルギーと水素エネルギーへの注目

電力業界とガス業界を含む日本のエネルギー産業は，1990年代以降に顕在化した地球温暖化問題と資源枯渇問題，2011年3月11日に発生した東京電力福島原子力発電所の事故（以下，福島原発事故と表記）を背景として，かねてよりエネルギー政策の基本とされてきた3E+S，即ちエネルギーの経済性（Economic efficiency），環境適合性（Environment），安定供給（Energy security），および安全性（Safety）を徹底することが課題になっている。この3E+Sの徹底という視点から，化石燃料を利用する火力発電とセシウム239を原料とする原子力発電に大きく依存する電力供給のあり方を再検討する必要がある。

日本の場合，化石燃料を輸入に頼ることから，火力発電は経済性とエネルギー自給率（引いては安定供給）の点で課題を抱えている。また化石燃料は一度消費すると無くなってしまう枯渇性資源であり，燃焼すると二酸化炭素（CO_2）を発生させる持続不可能な資源である。すなわち，化石燃料利用による火力発電は資源枯渇と地球温暖化の原因になるため，環境適合性の点でも合理的ではないのである。一方，原子力発電は，通常運転時には放射性物質を廃棄するため，健康被害と環境汚染の原因になる。爆発事故などの非常時には健康被害と環境汚染はいっそう甚大になる。福島原発事故を契機として，環境修復や廃炉に要する費用の高さが認識されるようになった。また根拠のない原発の安全性に対する信頼（＝安全神話）は崩壊した。原子力発電も，火力発電と同様，3E+Sの視点から最適な電力供給の方法とは言えなくなっている。

エネルギー産業・企業が環境経営を実践し，持続可能性（sustainability）を達成しようとするとき，3E+Sの視点を徹底することによって，エネルギー供給を原因とする地球温暖化，資源枯渇，健康被害，環境汚染を解決しなければならない。そのためには，化石燃料と原子力に依存しない電力供給の方法を確立し，脱化石燃料と脱原発を実現することが課題になる。化石燃料や原子力に代わる新たな電源として，太陽光，風力，地熱，バイオマスなどを含む再生可能エネルギーと，水素のエネルギー利用が注目されている。これらの新エネルギーは，第一次オイルショックの翌年（1974年）から開始されたサンシャイン計画や1995年以降の電力自由化政策（コラム参照）などを通して，その開発が試みられてきた。近年になって，ようやく再生可能エネルギーと水素エネルギーは開発段階から導入段階へと移行し始めた。これらのエネルギーは環境適合性と日本の自給率の点で優れているものの，再生可能エネルギーの場合，発電コストが高いことや発電量の変動が大きいこと，水素エネルギーの場合，経済的で安全・安心な供給インフラが未整備であることなど課題が多い。これらの課題を解決し再生可能エネルギーと水素エネルギーの利用を普及・拡大するための手段として，電力システム改革や水素社会の確立が試みられている。

本章では，再生可能エネルギーと水素エネルギーの普及状況，およびこれらを普及させるためのエネルギー産業とエネルギー・ビジネスの動向について検討する。第2節では，政府のエネルギー政策との関係から日本のエネルギー産業がどのような特徴をもっているのか，またどのように変化しようとしているのかを議論する。第3節では，電力システム改革や水素社会の確立についてそのプロセスと現状を検討する。これらの議論や検討を通じて，日本のエネルギー産業の環境経営の特徴と課題について述べる。

2．日本のエネルギー政策と再生可能エネルギーの普及

(1)　政府のエネルギー政策を前提とする市場競争

日本のエネルギー産業・企業の発展は政府のエネルギー政策を前提としてきた。たとえば第二次世界大戦後の日本の電力供給は，政府がエネルギー政策に

よって方針を決定し，発送配電を一貫して請け負って地域市場を独占する垂直統合型の民間企業10社がその政策・方針を実行するという国策民営を特徴としてきた。この特徴は，1951年の電気事業再編成令によって戦間期の電力国家管理の体制から北海道，東北，北陸，東京，中部，関西，中国，四国，および九州の9つの民間企業が電力事業を各地で独占する体制へ転換したこと，および1972年の沖縄の本土復帰と1988年の沖縄電力の民営化を経て形成された。このような体制の下で東京電力のような民間の電力事業者は化石燃料を利用する火力発電および原子力発電による大規模集中発電を行ってきた[1]。

1995年の電気事業法（1965年施行）の改正により電力自由化政策が開始されて以来，電源構成の多様化（＝最適なエネルギー・ミックスの追求）と電力供給の市場競争が展開されるようになった。東京電力のような従来からの電力事業者は，次の4つの理由から，電力自由化や市場競争に対して火力発電や原子力発電など既存の設備やシステムを増強することによって対応し，再生可能エネルギー発電や水素のエネルギー利用に対する投資に消極的になるかもしれない。その4つの理由とは，① 原子力発電や火力発電の設備メーカー[2]との取引関係，② 自社の財務的安定性（設備投資費用の回収など），③ 既存の設備やシステムによる安定供給は可能であることが実証済みであること，および ④ 政府のエネルギー政策である。実際に，福島原発事故後の原発停止による電力不足は化石燃料利用の火力発電によって賄われている。たとえば，2014年度の日本の電源構成は実績で，化石燃料利用の火力発電は86.6%（うち石炭31%，石油9.5%，液化天然ガス［LNG］46.1%，その他ガス1.1%），再生可能エネルギー利用の発電は12.2%（うち水力9%）であり，原発ゼロを実現している。同年度の輸入化石燃料への依存度は過去最高の88%であった。このような電源構成は，電力供給市場において依然として支配的地位にある従来からの電力事業者がこれまでに再生可能エネルギーや水素エネルギーを積極的に開発・導入してこなかったこと，および原子力の代替エネルギーとして化石燃料を選択していることを示している。

2015年7月に安倍政権は電源構成について2030年目標を閣議決定している。同目標によれば，2030年における日本の電源構成を原子力20%～22%，再生可能エネルギー22%～24%（うち，水力8.8%～9.2%，太陽光7%，風力1.7%，バイオマス3.7%～4.6%，地熱1%～1.1%)，天然ガス27%，石炭26%，石油3%という割合になるようにするという。また，輸入化石燃料への依存度を56%にするという。この2030年目標は，上記の2014年度の電源構成の実績を考慮すると，一見すると再生可能エネルギーを普及・拡大するための政策のように思えるが，原発を再稼働して復活させるための政策であるとも言える。2016年9月末現在，国内43基の原発のうち再稼働された原子炉は，川内原発（鹿児島）の2基，伊方原発（愛媛）1基である。高浜原発（福井）の2基は，再稼働が決定されたものの裁判所によって禁止の仮処分命令を受けて停止している。また，全国19基の原子炉が再稼働に向けて申請中である。現在の日本政府のエネルギー政策と東京電力のような従来からの電力事業者の競争戦略は，火力発電と原子力発電を存続・維持することを志向していると言えよう。

一方で，電力自由化や固定価格買取制度（FIT：Feed-In Taliff）などエネルギー政策のあり方から，政府は再生可能エネルギーや水素エネルギーを普及する主体としてエネルギー産業に新たに参入してくる多様な事業者を想定しているようである。その場合，電源構成の2030年目標も考慮すると，東京電力のような従来からの電力事業者が主に化石燃料や原子力を利用しながら大規模発電を行うのに対して，これらの新規事業者は，再生可能エネルギーや水素エネルギーを利用する分散型発電によって市場競争を試みることになる。新規事業者は送配電を行うとき，各地域市場を独占してきた従来からの電力事業者が所有する送配電網を借用するか，新たに送配電網を敷設するかしなければならない。新たに送配電網を敷設するための経済的費用，2014年の九電ショックに代表される系統接続の調整など技術的な課題，分散型発電のための法整備やインフラの再構築など解決すべき問題は多い。再生可能エネルギーと水素エネルギーおよび分散型発電システムの普及・拡大は長期を要するエネルギー産業・企業の環境経営の課題である。

(2)　問われる電源構成

電源構成の多様化（＝最適なエネルギー・ミックスの追求）は，エネルギーの安定供給の保障，すなわちエネルギー安全保障のために重要である。1970

年代における二度のオイルショックの経験からもわかるように，輸入化石燃料への依存度が高いということは，エネルギー自給率の低下と安定供給上のリスクを抱えることを意味する。福島原発事故後の原発停止による電力不足分を補うために輸入化石燃料への依存度を高めた結果，日本の貿易収支は黒字から赤字に転じており，電力料金は上昇している[3]。更に，化石燃料を利用する火力発電は CO_2 を排出する。すなわち，安定供給，経済性，および環境適合性というエネルギー政策の3Eの視点から，輸入化石燃料に依存することは，日本にとって適切でないと言える。

また，福島原発事故をきっかけとして，原子炉の安全性に関する見直し作業が各国や地域で行われた結果，世界中の原子炉の５分の１が地震帯にあることが判明した。ドイツ，中国，イタリア，スイスなど多くの国で，原子炉の停止および廃炉，新たな原子炉の建設計画の中断ないし放棄，原発再稼働に対する選挙による拒否，脱原発の加速化が見られる[4]。このような世界情勢にもかかわらず，先述したように，日本ではすべての原発を一度は停止したものの，再稼働を促すようなエネルギー政策が執られようとしている。原発が停止し，輸入化石燃料に依存することが適切でないならば，再生可能エネルギーを選択し投資を集中することは合理的であるように思われる。しかし，日本で最も有望視される太陽光と風力による発電は天候による出力（＝発電量）が最大で40％も変化するため，安定供給の点で課題を抱えている。再生可能エネルギーの出力変動の大きさは電力需要に対する電源の適合性という問題に直接関係する。

電源構成（＝エネルギー・ミックス）を計画するためには，ある一定期間（たとえば，日単位，季節単位，年単位）の電力需要の変動を考慮しなければならない。電力需要の変動はベースロード（基底負荷），ピークロード（最大負荷），ミドルロード（中間負荷）という視点から検討することが一般的である。ベースロードとはある一定期間における電力需要の最低水準である。国や地域を問わず，現在の技術では，電力を備蓄しておくことはできない。電力は発電したら直ちに送電して，需要家に配電しなければならない。すなわち，ベースロードとは電力事業者がある一定期間において常に発電し送電し続けなければならない電力量を意味する。ベースロードを満たすために，発電コストが低く安定供給が可能な電源（＝ベースロード電源）が必要である。ベースロード電源は流れ込み式水力，地熱，原子力が適していると言われている。ピークロードとはある一定期間における電力需要の最大水準である。たとえばエアコンの利用が増大する夏季の日中や冬季は，電力需要の増大に即応して機動的に発電することが可能な電源（＝ピークロード電源）が必要である。ピークロード電源は揚水式水力，石油火力が適していると言われている。また，ミドルロードとはベースロードとピークロードの中間水準を意味する。ミドルロードを満たすための電源（＝ミドルロード電源）は，ベースロード電源の次に低コストで，電力需要に応じて機動的に発電できるLNG火力やその他ガス火力が適していると言われている。このように電力需要に対する電源の相性を勘案すると，環境適合性は期待できるが発電量が不安定な再生可能エネルギーを活用することは，現状では難しいと言わざるを得ない。しかし，そうであるからといって，化石燃料への依存度を高めたり，安全神話が崩壊した原発を再稼働したりすることは，エネルギー政策の3E+Sの視点やエネルギー産業・企業の環境経営としては適切ではない。再生可能エネルギーを普及・拡大するためには，どのような環境経営が必要であろうか。次項では，経営学の先行研究を参考にして，エネルギー産業・企業に要請される環境経営について議論する。

(3)　再生可能エネルギー普及のための課題

2011年の福島原発事故と企業経営を論点とする経営学的研究が行われている。たとえば，環境経営研究[5]によれば，原発事故以前および以後の東京電力の隠蔽体質（組織の透明性と情報の公開性），および経営者の責任逃れなどから，東京電力では企業の社会的責任（CSR：Corporate Social Responsibility）は実効性を欠いている。その理由は，日米関係における軍事目的の「原子力の平和利用」と経済優先の官民癒着という状況において，規制機関が機能していないことにあるという。また，原発は確かに稼働時にCO_2を排出しないかもしれないが，発電時に生じる熱を海に捨てており，海水温を上昇させるため地球温暖化の原因になっているという。その他にも，被爆や汚染のリスクおよび実際の被害も証明されていることから，原子力発電は環境適合的ではないという。

現代の株主有限責任制の法人制度の下では，株式会社に企業不祥事に対する責任を問うことが困難であるという認識から，現行の法制度の改革の必要を主張する研究や既存の電力事業者を解体すべきであるとする研究もある。たとえば，公益企業に関する研究[6]によれば，東京電力のような公益性の高い事業の責任の一端は一義的には株式会社にある。有限責任制は大規模な資本形成を可能にすると同時に，企業不祥事を促進するという特質がある。原発事故のような，個別の株式会社の財務的能力を超える企業不祥事について賠償責任を問うことができるようにする必要がある。そのため，株式会社の意思決定権をもつ支配的株主の無限責任を問えるようにすべきであり，それは法原理的にも実際にも可能であるという。また，いわゆる「東電解体論」[7]によれば，東京電力は原発事故の損害賠償の一部を負うが，その賠償の多くを国民の税金に頼っている。政府や国民が株式会社の責任を肩代わりするような状況は株式会社制度の原理・原則に反する。この問題を解決するために，東京電力を倒産させ，発送電事業を分割して他の主体（会社，地方公共団体など）に引き継がせるべきであるという。

以上に紹介した先行研究は，それぞれ主張は異なるとしても，電力事業者の社会的責任をどのように問うかに注目している点で共通している。この共通点と各研究の個別の主張およびこれまでに見てきた日本のエネルギー産業の状況を考慮して，21 世紀の電力事業者に要請される社会的責任および環境経営は以下の 4 つであると言えよう。すなわち，第一に，安全でない危険な，しかもCSR が機能せず問うこともできないような原子力発電をやめることである。第二に，地球温暖化問題との関係から，化石燃料と原子力に依存しないエネルギー需給を確立することである（＝脱原発・脱化石燃料の主体的な推進)。第三に，これらの方法として，電源構成の転換に貢献すること，具体的には，エネルギーの国産化が可能な再生可能エネルギーの普及・拡大と省エネルギーを推進することである。第四に，これらの結果として，低炭素社会の確立に貢献することである。

低炭素社会の確立に貢献することを目的として，国産の再生可能エネルギーを普及・拡大し脱原発と脱化石燃料を推進するために，分散型発電システムの確立，および蓄電技術の開発と普及が重要である。前項で言及したように，現状では，電力は備蓄できない。そのため，発送配電をセットで考える必要がある。設備を小型化して消費する場所で発電する分散型発電システムは電力需給のミスマッチを解消できる（＝安定供給の確保）と思われる。また，蓄電技術が発展すれば，発電と送配電を必ずしもセットで考える必要はなくなる。天候による発電量の変化が大きい再生可能エネルギー発電は，電力を消費する場所とは違うところで生産した電力を蓄電し，必要に応じて送配電できるようになれば，分散型発電システムと既存の大規模集中発電システムを並行利用できるようになる。再生可能エネルギーの普及・拡大には分散型発電と蓄電技術の開発が必要になる。次節では，再生可能エネルギーを普及させる方法として注目されている，蓄電技術としての水素エネルギーと燃料電池，および電力システムの改革として注目されている分散型発電について，これらを普及させるための産業・企業の動向を見てゆく。

3．ビジネスチャンスとしての水素社会と分散型発電

⑴　水素とその製造方法

従来のエネルギー供給を原因とする地球温暖化，資源枯渇，健康被害，および環境汚染などの環境問題を解決するために，再生可能エネルギーを普及すること，それを普及するための方法として蓄電技術と分散型発電システムを開発することが注目されている。特に水素は再生可能エネルギーの普及を可能にする蓄電技術およびエネルギーとして期待されており，エネルギー産業・企業によって開発が進められている。

水素は従来から化学製品の原料および加工，熱利用，化学分析，浮力・燃料利用，および電力など，様々な用途で活用されてきた。たとえば，水素は油脂硬化の特質をもっており，マーガリンや口紅の原材料として用いられている。水素を光ファイバーに吹きつけるとくもりが取れて透明度および品質を高めることができる。その他にも気球や宇宙ロケットの燃料など多様な場面で水素は用いられてきた。

水素は宇宙全体に存在する物質の70％を占める，最も豊富に存在する資源である。地球上では，水素は石油や天然ガスなどの化石燃料，森林資源や廃材などのバイオマス資源，および水など様々な物質に含まれている。水素を利用できるようにするためには，それらの物質から抽出する必要がある。また，製鉄所や化学工場から排出される副生ガスを精製することによって，水素を抽出できる。副生ガスの精製によって抽出される水素を副生水素という。物質循環の視点からも副生水素の活用は注目されている。

蓄電技術の開発および再生可能エネルギーの普及という視点から注目すべき水素の生産方法は，水を電気分解することである。水（H_2O）に電気を流すと水素（H）と酸素（O）に分解される。この電気分解のための電力を太陽光や風力などを利用して発電することによって，再生可能エネルギーの利用の拡大と水素の大量生産を行うことができる。

水素はガスや液体のかたちで備蓄することができる。従来は電力は備蓄できなかったため，再生可能エネルギーによって発電した電力はすぐに送配電し消費しなければならなかった。また，再生可能エネルギーの発電量は天候により大きく変動するため，エネルギーの安定供給の点から利用することは困難であった。再生可能エネルギーによって発電した電力は，水の電気分解に利用することによって，水素に置き換えることができる。電力を水素ガスあるいは液体水素に変換して備蓄（＝蓄電）しておき，必要に応じて輸送し，消費する。このように水素を従来の利用方法に加えてエネルギーにも利用する社会を水素社会という。水素社会は水素の生産方法によっては再生可能エネルギー利用の拡大にも貢献し得る低炭素社会，持続可能な社会である。ただし，原子力発電や化石燃料による火力発電によって生産した水素を活用する水素社会は，持続不可能な社会となろう。

⑵　エネファームと燃料電池自動車の開発と普及

水素エネルギーの用途は，自動車用燃料，家庭および事業所における電力や給湯である。これらのような水素のエネルギー利用の要となる技術は燃料電池である。燃料電池とは一次電池（乾電池）や二次電池（充電式電池）などの蓄電池とは違って，酸素と水素を化学反応させることによって電気を生産する発電装置である。燃料電池には固体高分子形（PEFC），リン酸形（PAFC），溶融炭酸塩形（MCFC），および固体電解質形（SOFC）の4種類がある。現在のところ，PEFCは主に家庭用燃料電池と燃料電池自動車（以下，FCVと表記）に，SOFCとPAFCは業務用・産業用燃料電池に採用されている。

たとえば，現在，パナソニック，東芝，アイシンなどが生産し，東京ガスや大阪ガスなどのガス会社が販売している家庭用燃料電池「エネファーム」はPEFCを採用している。現在のエネファームは都市ガスやLPガスを改質器にかけて水素を抽出し，この水素と酸素を化学反応させて電気と熱を生成できる。この生成した電気を家庭内で利用し，熱は給湯利用する。エネファームのように熱電併給が可能なシステムをコージェネレーション・システムという。従来の家庭用燃料電池は戸建住宅向けであり，2014年9月時点における累計販売台数は10万台を超えている。2014年4月に政府が策定した第四次エネルギー基本計画は，エネファームの普及目標を2020年に140万台，2030年に530万台（全世帯の10％）に設定している。また，集合住宅用燃料電池の開発も注目されており，家庭用燃料電池市場の拡大が期待される。

業務用・産業用燃料電池を見てみると，三菱重工や三浦工業はSOFCの電池を開発しており，2017年から2020年の間に市場投入を計画している。既に富士電機はPAFCを1998年に，米国企業のBloom EnergyはSOFCを日本市場において商用化している。Bloom Energyの燃料電池はコージェネレーション（熱電併給）に対応しておらず，生成した熱を利用できない仕様である。また富士電機の燃料電池は熱電併給に対応しているものの，Bloom Energyの電池に比べて発電量と発電効率は劣る。2017年以降に三菱重工と三浦工業が業務用・産業用の燃料電池市場に参入して競争が活発になることによって，技術や品質が洗練されてゆくことが期待される。

東芝とパナソニックは家庭用燃料電池の開発成果を踏まえて，純水素燃料電池の開発に取り組んでいる。純水素燃料電池は，従来の家庭用および業務用・産業用燃料電池とは違って，都市ガス・LPガスや改質器を利用せず，直接水素を注入し，酸素と化学反応させて熱電併給を行うことを可能にするシステムである。従来の燃料電池と比べて発電時間を短縮できるだけでなく，ガスの消費量の抑制と水素利用の拡大に貢献できる。パナソニックは2020年の商用化を目指して，東京電力と共同開発を行っている。また，東芝は山口リキッドハイドロジェン，長府工産，岩谷産業と純水素燃料電池を共同開発している。この東芝ほか3社による共同開発は2014年の山口県の「やまぐち産業戦略研究開発等補助金」事業に採択されている。同年，東芝はトヨタ自動車（以下，トヨタと表記）の本社にその共同開発の成果である純水素燃料電池を納入した。トヨタはこの納入した純水素燃料電池を利用して，2016年9月から本社工場敷地内のエネルギー運用の最適化に向けた実証実験を開始している。トヨタは2015年に「工場 CO_2 ゼロチャレンジ」を公表しており，省エネ対策と再生可能エネルギーおよび水素を活用して工場の CO_2 排出量ゼロを目指している。この東芝とトヨタの動向は，家庭用燃料電池メーカーが業務用・産業用燃料電池市場に参入する可能性，および環境経営に積極的な企業による水素利用の拡大の可能性を示している。

最後に自動車用燃料電池を見てみると，たとえば2014年にトヨタが一般販売を開始した「MIRAI」，本田技研工業（以下，ホンダと表記）が2016年にリース専用販売を開始した「クラリティ FUEL CELL」などのFCVにPEFC

図5-1　自動車用蓄電池とFCVの開発の企業グループ（2016年9月現在）

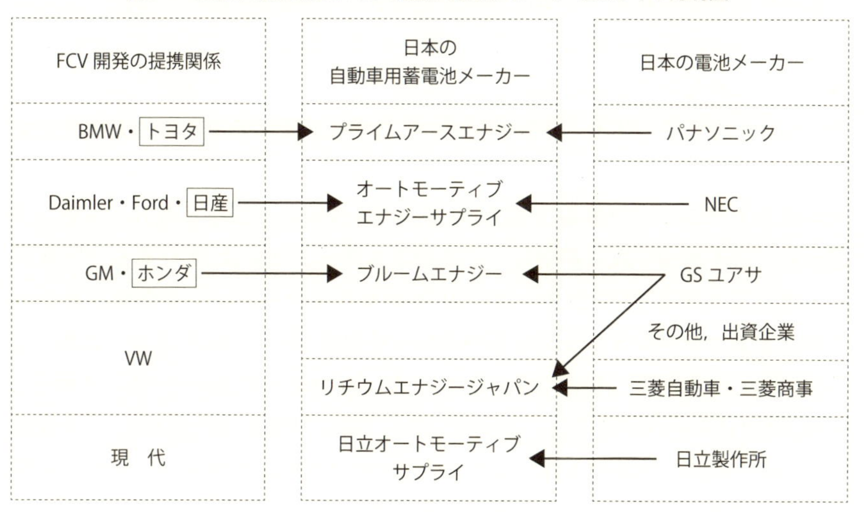

（注）図中の矢印は出資関係を示している。
（出所）筆者作成。

が搭載されている。両社のFCVは燃料電池の他に，主としてハイブリッド自動車（以下，HVと表記）の開発・生産で培ってきたモーター（両社とも交流同期電動機・永久磁石型）や二次電池（トヨタはニッケル水素電池，ホンダはリチウムイオン電池）を搭載している。従来のHVや電気自動車（以下，EVと表記）と同じ部品をFCVに転載することは，エコカーの部品の量産効果を追求し，各種エコカーの価格を引き下げる効果があると思われる。車種間で共有されている部品は企業や製品の競争力に直結する戦略部品となり，HV，EVおよびFCVなどを含むエコカー開発の競争の焦点になり得る。

自動車用電池の開発について，自動車メーカーと電池メーカーとの合弁事業の設立とグループ化が見られる（図5-1を参照）。FCVの開発についても，国境を超えた自動車メーカー間の戦略的提携および企業間ネットワークの構築とネットワーク間競争が展開されている。こうした開発ネットワークとその競争を通じて，国内外においてFCVや水素の市場が形成・拡大されることが期待される。

(3)　水素の輸送と貯蔵

家庭用および業務用・産業用燃料電池やFCVが機能するためには，水素の供給インフラの整備が課題となる。水素をどこで製造し，どのように需要家に輸送するのかという課題である。この課題について，本項と次項では，水素ステーションの整備の状況と分散型発電の社会的実証実験の事例を簡潔に記述する。

水素ステーションの整備はFCVの普及に直接関わる問題である。2016年9月現在，日本国内で既に開所している水素ステーションは77件ある。計画中のステーションも14件あり，合計91件の水素ステーションが整備されつつある。水素ステーションが最も多い地域は愛知県16件（開所15件，計画中1件），次いで東京都と神奈川県が共に13件（両地域とも開所11件，計画中2件），福岡県9件（開所7件，計画中2件），埼玉県8件（開所8件），大阪府7件（開所6件，計画中1件）である[8]。比較的大きな需要が見込まれる大都市を中心に水素ステーションの整備は進んでいる。

水素ステーションは水素の供給方法によって，オンサイト方式，オフサイト方式，および移動方式の3つに分かれる。オンサイト方式は，水素ステーションに天然ガスなどを貯蔵し，必要に応じてステーションで改質し水素を製造してFCVに供給するシステムである。オフサイト方式は，製鉄所などから生じる副生水素や発電所など他の場所で製造した水素を水素ステーションに輸送し，水素タンクで貯蔵し，必要に応じてFCVに供給するシステムである。他の場所で製造した水素や副生水素を水素ステーションに輸送する方法には，水道管のように地中に埋めたパイプラインを利用したり，トレーラーやローリー車を利用したりして，高圧水素ガスや液化水素を輸送する方法がある。水素を長距離輸送する場合，安全性や輸送設備の強度などを考慮して，たとえばトルエンを化合するなどして他の物質（＝有機ハイドライド）に変換して輸送し，輸送先で水素に還元する方法もある。この方法は海外から水素を輸入する場合に特に効果的であると思われる。この場合，一度は他の場所で水素を生成しているが，水素ステーションの方式としてはオンサイト方式である。最後に，移動方式とは，水素供給に必要な設備を積んだトラックが所定の場所に移動し水素を供給する方式である。

これらの水素ステーションの整備は，主としてエネルギー供給会社によって行われている。たとえば，ENEOSブランドを展開する国内最大手のエネルギー供給企業であるJXエネルギーは，同社の事業のカーライフサポート分野における新たな商品として水素に注目し，水素の製造と水素ステーションの整備を研究開発の課題の1つにしている。JXエネルギーの水素ステーションは2016年9月現在，40件（うち計画中3件）であり，供給方法別に見ると，オンサイト方式9件，オフサイト方式19件，移動方式12件である。同社は国内で最も多くのステーションを運営している。また，最も古くから水素の製造・販売に取り組んできた岩谷産業は，同社の4つある事業分野（総合エネルギー，産業ガス・機械，マテリアル，自然産業）のうち産業ガス・機械事業において，水素と水素ステーション関連設備を商品の1つとしている。同社の水素ステーションは2016年9月現在，17件（うち計画中3件）であり，供給方法別では，オンサイト方式1件，オフサイト方式14件，移動式2件である。岩谷産業のグループ会社である岩谷瓦斯も水素ステーションを1件計画中である。またFCV向け水素供給事業を目的として，岩谷産業が豊田通商と太陽日酸と共同で設立した合同会社である日本移動式水素ステーションサービスは，移動方式の水素ステーションを5件展開している。岩谷産業はグループ全体で計画中のものも含めて23件の水素ステーションを整備していることになる。

(4) スマートコミュニティとしての水素タウン

岩谷産業は2010年から2014年の間に北九州市の八幡東区東田地区を対象として行われた「北九州スマートコミュニティ創造事業」に参加している。この事業は，日本政府が公募した日本型スマートグリッドの構築と海外展開を実現するための「次世代エネルギー・社会システム実証」に北九州市が提案し，採択された事業である。同事業は，タウンメガソーラー，風力発電，省エネ，環境学習，カーボンオフセット，水素タウン，スマートグリッドなどを含む26事業38項目の実証事業から成っている。その目的は，① 地域エネルギー共有社会，② 地域単位のエネルギー制御・管理システム（CEMS：community energy management system）を通じた地域エネルギーの全体最適と部分最適の両立，③ エネルギーの見える化社会，④ 市民参加型のエネルギー・コミュニティの構築，⑤ 都市システムの整備，⑥ 社会システム技術の開発やビジネスモデル・雇用の創造，⑦ 世界の標準となるモデルの構築・発信，⑧ 上記の事項をパッケージ化してアジア地域への移転体制を構築することである。事業全体として，市内標準街区と比較して，対象地区が2014年までにCO_2排出量を2005年比で50％削減するという目標を掲げている。実際に，51.5％の削減を達成した。

岩谷産業が参加した事業は実証事項3「北九州水素タウンプロジェクト」である。この事項には岩谷産業の他，水素供給・利用技術組合（HySUT），富士電機システムズ，新日本製鐵，その他地区内立地企業が参加し，事業費総額は16億5000万円であった。実証内容は下記の5つである。すなわち，① 新日本製鐵が所有する八幡製鐵所で生じる副生水素を，HySUTが地区内に設置するパイプラインを使って，店舗，公共施設（博物館，水素ステーション），住宅に供給する，② 燃料電池を設定し，生活・営業活動において利用を図る，③ 燃料電池フォークリフトの開発，試用，④ 燃料電池の廃熱を利用した高圧ヒートポンプシステムの設置，⑤ 余剰電力を水素に変換（＝水素を製造）し，水素ステーション等に貯蔵するシステムの構築，である。このような実証実験において，岩谷産業は主に水素ステーションの設置を行った。実験の結果，航空運賃や宿泊料金などでも採用されているダイナミック・プライシング[9]によって，11.9%から26.4%の省エネ効果が見られた。また，電気事業法との関係で個別の戸建住宅の低圧契約や集合住宅の高圧一括受電ができない場合があることが明らかになった。北九州スマートコミュニティ創造協議会によれば，このことは電力自由化のためには，法整備とともに低圧契約や高圧一括受電サービスの工夫が必要になることを意味するという[10]。スマートコミュニティを創造し，更にそのコミュニティを水素タウンに変革してゆくためには，水素の製造・輸送・貯蔵，家庭用および業務用・産業用燃料電池，FCV，水素ステーションなどの開発，および関連法規の改正など多くの課題があるようである。

(5) 国策民営による水素社会の確立

経済産業省は水素社会を確立するためのロードマップ（以下，ロードマップと表記）を2014年に提示している。このロードマップは，燃料電池の社会への本格的実装による水素利用の飛躍的拡大を試みるフェーズ1，水素発電の本格導入と大規模な水素供給システムの確立を目指すフェーズ2，トータルでのCO_2フリー水素供給システムの確立を目的とするフェーズ3からなっている。本書を執筆している2016年9月現在はフェーズ1に当たる。家庭用燃料電池(2009年導入）と業務用・産業用燃料電池（1998年導入）およびFCV（2014年導入）は既に市場導入されている。ロードマップによれば，フェーズ1では，2020年代半ば頃までこれらの燃料電池を本格的に普及させていくこと，および競争力のある水素価格を実現することが課題である。ロードマップは，2020年代半ばから2030年頃までをフェーズ2として位置付けており，国内の水素利用の拡大に伴い海外での水素の製造および水素の輸入量と国内流通網の拡大，および発電事業用水素発電の本格導入を計画している。2040年頃までに，クリーンコールテクノロジー（CCT：Clean coal technology）[11]の開発と利用，および国内外の再生可能エネルギーの活用と組み合わせることによって，CO_2フリーの水素の製造・輸送・貯蔵を本格化すること，すなわち本格的な低炭素社会としての水素社会の到来を計画している。

行政によるこのようなロードマップの公表に先立って，産業界では，自動車メーカー3社とガス会社10社の民間企業13社による「燃料電池自動車の国内市場導入と水素供給インフラ整備に関する共同声明」（以下，13社共同声明と表記）が2011年に表明されている[12]。またロードマップが公表された同じ年に，東京都環境局は，水素エネルギーの普及に向けた戦略の供給および機運の醸成を目的とする産官学共同プロジェクトとして東京都戦略会議を設置している。同会議は民間企業16社，学識経験者3名，およびその他2団体からなる外部委員，東京都側の委員と事務局からなっている[13]。東京都戦略会議は，①FCVの普及に先駆けて水素ステーションを整備すること，②HVの普及実績や市場動向を参考にしてFCVを普及させること，③家庭用および業務用・産業用燃料電池の自立的な普及を目指すこと，④大都市圏などの大消費地での水素エネルギーの需要創出と価格低下と水素利用分野の拡大を図り安定的な燃料供給を実現すること，⑤水素の正しい理解と安全・安心な社会を実現するための環境教育（＝社会的受容性の向上）という5つの課題を掲げ，これらの課題のそれぞれに短期的および中期的な戦略目標・数値目標を掲げている（表5-1を参照）。

東京都戦略会議に参加している企業および団体は，水素社会という青写真を共有し，水素の製造・輸送・販売，燃料電池やFCVなどの製品，水素ステー

表5-1　東京都戦略会議の戦略目標・数値目標

【課題：短期的戦略目標／中期的戦略目標】

①　水素ステーションの整備：2020年までに都内に35カ所／2025年までに都内80カ所

②　FCV・燃料電池バスの普及：2020年までにFCV6,000台，燃料電池バス100台／2025年までにFCV10万台

③　家庭用および業務用・産業用燃料電池の普及：2020年までに新築集合住宅と既存戸建住宅を中心に家庭用燃料電池15万台／2030年までに家庭用燃料電池を100万台。コスト・ダウンと小型化により集合住宅への普及拡大

④　安定的な燃料供給：FCV・燃料電池バス向けに2020年までにHVの燃料代と同等以下の水素価格による水素エネルギーの普及。2020年代後半から海外の水素価格（プラント引渡価格）30円／Nm3を実現／n.a.

⑤　社会的受容性の向上：短中期継続して，水素の安全性に関する情報を提供する環境の整備。水素エネルギーの認知度向上

（出所）東京都環境局（2015），17-21頁より筆者作成。

ションやパイプラインなどの水素供給インフラ整備などさまざまな分野において新事業を創出しようとしている。本章で見てきたいくつかの事業活動，すなわちトヨタやホンダなどの自動車メーカーによるFCVの開発，パナソニックや東芝などの電機メーカーによる家庭用および業務用・産業用の燃料電池の開発，JXエネルギーや岩谷産業などのエネルギー供給会社による水素ステーション等の水素の製造・輸送・貯蔵システムの開発などの事例は，13社共同声明と東京都戦略会議のどちらかまたはその両方に参加している企業による環境経営の事例である。

水素社会の確立は，経済産業省がロードマップによって発展の方向性を示し，東京都戦略会議が5つの課題を掲げてその発展のための戦略・目標を策定し，様々な民間企業が環境経営の一環として，これらの方向性や戦略・目標に対応するかたちで水素ビジネスを実践するという国策民営の体制によって進められている。持続可能なエネルギー供給および水素社会の確立に貢献することは，エネルギー産業・企業の社会的な役割の1つであり責任である。

4．エネルギー産業・企業の課題

21世紀のエネルギー産業・企業において，持続可能性を追求する環境経営とは3E+Sを徹底して脱化石燃料と脱原発を推進するような経営であり，化石燃料や原子力に依存する従来のエネルギー供給による地球温暖化，資源枯渇，健康被害，および環境汚染という社会問題を解決するようなビジネスのマネジメントである。そのような環境経営を確立するために，再生可能エネルギーの普及・拡大が重要になる。再生可能エネルギーによる発電は，環境適合性と安全性という点で火力発電や原子力発電よりも優れているけれども，現状では経済性や安定供給の点で課題を抱えており，自立的な普及を期待することは難しい状況である。電力自由化政策や固定価格買取制度など，再生可能エネルギーを普及させるために分散型発電システムの構築を促進するような様々な政策的支援が行われている。本章では十分に議論しなかったが，分散型発電システムの構築には，IoTを活用して電力の需給を調整できるようにするスマートグリッド（＝賢い電力網）の開発が不可欠である。また，産業界では，多様な企業が水素社会という持続可能な社会像を共有し，段階的に自由化されつつある電力市場およびエネルギー市場に水素の利用を導入・定着させるためのビジネス（＝水素ビジネス）を展開している。発電所，地域内の事業者，一般家庭などが再生可能エネルギー発電を利用して水素を製造し活用できるいっそうスマートな社会への変革に貢献する環境経営がエネルギー産業・企業に期待される。

［注］

1　橘川武郎（2011）を参照。

2　日本の原子力発電の設備は，たとえば，① 東芝・ウエスチングハウス連合（東芝とその子会社のウエスチングハウス［米国］［以下，WH と表記］，WH の子会社の原子燃料工業，東芝と原発部材の製造で協力関係にある IHI，原子燃料工業と取引関係にある古河電気工業と住友電気工業），② ゼネラルエレクトリック（米国）（以下，GE と表記）・日立連合（GE，日立製作所，グローバル・ニュークリア・フュエル，GE 日立ニュークリア・エナジー，日立 GE ニュークリア・エナジー），③ 三菱重工・アレバ連合（三菱重工，三菱マテリアル，三菱原子燃料，アレバ［仏国］，三菱重工とアレバによる合弁事業のアトメア［仏国］）などによって製造されている。2016 年 9 月末現在，日本国内の原子力発電の再稼働が進んでいないため，上記の各連合の燃料会社は経営不振が続き，事業継続が困難な状況になっている。東芝，日立，三菱重工はグループの垣根を超えて，燃料会社 3 社（原子燃料工業，グローバル・ニュークリア・フュエル，三菱原子燃料）を統合する方針である。

3　2010 年から 2014 年の間の各年における一般家庭用の電灯料金（kWh 当たり）は，年度順に 20.37 円，21.26 円，22.33 円，24.33 円，25.11 円であった。同様に，工場・オフィス用の電力料金は，13.65 円，14.59 円，15.73 円，17.53 円，18.86 円であった。

4　Lovins, A. B. and Rocky Mountain Institute（2011）の邦訳書 381 頁を参照。

5　足立辰雄（2014），68-122 頁を参照。

6　桜井徹（2014）を参照。

7　奥村宏（2015）を参照。

8　燃料電池実用化推進協議会の web ページ（http://fccj.jp/hystation/index.html#list）を参照。

9　ダイナミック・プライシングとは，需給調整を目的として，需要が集中する時期や時間帯の価格を高く設定し，需要が減少する期間は割安にする価格設定の方法である。電力の場合，冷暖房の利用率が高まる夏季の日中などのピークロード時間帯の電力料金を高く設定し，電力利用が比較的少ない夜間や休日などの料金を低くすること（＝ダイナミック・プライシング）で，ピークカットやピークシフトによる電力負荷平準化の効果が期待できる。

10　北九州スマートコミュニティ創造協議会（2010）を参照。

11　石炭利用の火力発電によって発生する CO_2 を回収し，隔離して貯蔵する技術の総称。

12　13 社共同声明の参加企業は次の通りである。すなわち，トヨタ自動車，日産自動車，本田技研工業，JX 日鉱日石エネルギー（現，JX エネルギー），出光興産，岩谷産業，大阪ガス，コスモ石油，西部ガス，昭和シェル石油，太陽日酸，東京ガス，東邦ガス，の 13 社である。

13　東京都戦略会議に，外部委員として参加している企業は，太陽日酸，千代田化工建設，トヨタ自動車，三菱日立パワーシステムズ，JX 日鉱日石エネルギー（現，JX エネルギー），パナソニック，川崎重工業，東京ガス，日立製作所，日野自動車，神戸製鋼所，岩谷産業，日産自動車，ホンダ技術研究所，東京電力，垣見油化である。外部委員として参加している大学（学識経験者）は，一橋大学（橘川武郎＝座長），東京工業大学（西條美紀），首都大学東京（首藤登志夫）である。また，東京商工会議所，東京都石油商業組合も外部委員である。都側委員として，東京都環境局，東京都財務局，東京都整備局，オリンピック・パラリンピック準備局，交通局が参加している。事務局は東京都環境局都市エネルギー部に設置されている。

［参考文献］

Lovins, A. B. and Rocky Mountain Institute, *Reinventing Fire: Bold Business Solutions for The New Energy Era*, 2011, Chelsea Green Pub Co.（山藤泰訳『新しい火の創造―エネルギーの不安から世界を開放するビジネスの力―』ダイヤモンド社，2012 年。）

足立辰雄『原発・環境問題と企業責任―環境経営学の課題―』新日本出版，2014 年。

奥村宏『徹底検証 日本の電力会社』七つ森書館，2014 年。

北九州スマートコミュニティ創造協議会「次世代エネルギー・社会システム実証 北九州スマートコミュニティ創造事業マスタープラン」(http://www.meti.go.jp/committee/summary/0004633/masterplan004.pdf)。

橘川武郎『日本電力業発展のダイナミズム』名古屋大学出版会，2011 年。

橘川武郎『応用経営史―福島原発第一事故後の電力・原子力改革への適用―』文眞堂，2016 年。

経済産業省資源エネルギー庁『日本のエネルギー 2015 年度版』ピーツーカンパニー，2016 年。

桜井徹「企業不祥事と株主有限責任制―東京電力福島第一原発事故に関わって―」埼玉大学経済学会，第 142 号，47-63 頁。

資源エネルギー庁燃料電池推進室「水素社会の実現に向けた取組について」2015 年（http://www.meti.go.jp/committee/kenkyukai/energy/nenryodenchi_fukyu/pdf/001_04_01.pdf)。

資源エネルギー庁燃料電池推進室「水素の製造，輸送・貯蔵について」2014 年（http://www.meti.gp.jp/committee/kenkyukai/energy/suiso_nenryodenchi/suiso_nenryodenchi_wg/pdf/005_02_00.pdf)。

水素・燃料電池戦略協議会『水素・燃料電池戦略ロードマップ～水素社会の実現に向けた取組の加速～』2014 年（http://www.meti.go.jp/committe/kenkyukai/energy/suiso_nenryodenchi/pdf/report01_03_00.pdf)。

高橋洋「電力システム改革の位置づけ―規制改革と環境政策の融合」新澤秀則・森俊介編『エネルギー転換をどうすすめるか』岩波書店，2015 年，121-142 頁。

東京都環境局『水素社会の実現に向けた東京都戦略会議（平成 26 年度）とりまとめ』2015 年（http://www.kankyo.metro.tokyo.jp/energy/tochi_energy_suishin/attachement/26torimatome.pdf)。

藤井秀昭『入門・エネルギー経済学』日本評論社，2014 年。

岩谷産業株式会社ホームページ（http://www.iwatani.co.jp/jpn/)。

経済産業省ホームページ（http://www.meti.go.jp/)。

JX エネルギー株式会社ホームページ（http://www.noe.jx-group.co.jp/index.html)。

東京都環境局ホームページ（http://www.kankyo.metro.tokyo.jp/)。

東芝株式会社ホームページ（http://www.toshiba.co.jp/index_j3.htm)。

東芝燃料電池システム株式会社ホームページ（http://www.toshiba.co.jp/product/fc/index_j.html)。

トヨタ自動車株式会社ホームページ（http://toyota.jp/)。

燃料電池実用化推進協議会ホームページ（http://fccj.jp/index.html)。

パナソニック株式会社ホームページ（http:www.panasonic.com/jp/home.html)。

本田技研工業株式会社ホームページ（http://www.honda.co.jp/)。

Column：日本の電力自由化

日本の電力自由化政策は，1980年代後半から世界中で展開された新自由主義的な規制緩和政策の一環として，電気事業法（1965年施行）を1995年に改正したことをきっかけに始まった。日本の電力自由化は1995年から2020年までのタイムスパンで段階的に進められている。電力自由化の対象は，大別して発電部門，送配電部門，電力小売部門に分かれる。

発電部門への参入は，再生可能エネルギーによる発電設備が家庭や事業所に普及・導入され始めていることからわかるように，既に原則自由である。電力小売部門は，2000年に大規模需要家（大規模工場・デパート・ホテル・オフィス等），2004年から2005年にかけて中規模需要家（中規模工場・スーパーマーケット・中小ビル等），2016年に小規模需要家（事業所・商店・コンビニエンスストア・一般家庭等）に対する売電が解禁されてきたように，段階的に自由化されてきた。2016年の小規模需要家への売電解禁をもって，電力小売部門の全面自由化が実現された。

これによって，需要家は自身のライフスタイルに合わせた時間帯別の料金設定，および電気事業者の選択が可能になった。どの電気事業者と契約するかは，たとえば，①省エネ診断サービス，電気とガスのセット割引，およびポイント制など多様な新サービス，②再生可能エネルギー発電の積極的利用（＝原子力発電と火力発電に対するボイコット），③自治体および自治体内の事業者との契約による電力の地産地消（＝分散型発電の積極的利用），などの観点から選択することができる。

送配電部門は，現在のところ，安定供給の観点から，東京電力のような従来からの電力会社が請け負っている。そのため，発電と送配電の法的分離，それに伴う電力システム改革が2020年までに段階的に開始されている。

第6章
住宅産業と環境経営

キーワード：拡大生産者責任，スマートハウス，低炭素住宅

1．はじめに

住宅産業においては，さまざまな側面で環境負荷に対する考慮が必要になっている。住宅を建設するには，木材などの素材が必要となり，その素材の大部分を占める木材需給についての考慮が必要になる。日本の住宅産業では，木材供給の多くを外国からの輸入材に頼っており，原産地での森林破壊という側面は，住宅産業における環境問題である。

このような他国の資源に依存している住宅産業であるが，その資源の生産性を高めることが環境問題を考察するひとつの分析手法となる。資源の生産性とは，原材料やエネルギー，労働力といった経営資源を効率よく利用していくことを意味する。効率よくするとは，一定の資源からより多く，そしてより長く効用を得ることを意味している。住宅産業で資源の生産性を高めるということは，まさに，木材資源からの効用をより効果的に，そしてより長く活かしていくことなのである。

資源の生産性を高める住宅産業のインセンティブは，自然と生まれるわけではない。従前の考え方では，住宅の建築年数が一定以上経過すれば，次の需要が生まれ，そして住宅産業は新たな仕事を受注することになる。この住宅需給の新陳代謝が活発なほど，住宅産業の利得は増加することになる。つまり，このような市場の慣例では，住宅産業は資源の生産性を高める努力をしなくてもよいことになる。

そこで，このような環境負荷を増加させるサイクルを是正する要因が，国による厳格な環境規制である。ポーター（Porter, M. E.）らは，緩慢な環境規制よりは厳格な環境規制の方が，イノベーションの創出やイノベーション・オフセットにつながると述べている[1]。イノベーション・オフセットとは，環境問題を解決するための初期投資費用はイノベーションを誘発するような規制によって相殺できるという考え方である。例えば，適正に設計された環境規制が，他国よりも，先んじて法制化されれば，その国の企業が他国の競合企業よりも間違いなく利益をもたらし，さらに厳格な環境規制は，資源の生産性向上を促し，省エネ，省資源による利益を生み出すことでイノベーションの効果が発揮されるのである。

2．環境経営と競争優位

(1)　住宅産業における資源の有効活用と環境経営

住宅産業はどのようにして競争優位性を得て，事業を展開してゆくべきかを環境経営に関連させて検討してみよう。ポーターらは，「単に資源を保有しているだけでは十分でなく，資源の生産性を高めることが競争力を高める。現存製品をより効率的に生産し，また顧客価値の高い製品，つまり顧客がもっと高いお金を払いたくなるような製品を作ることによって，資源の生産性を向上させることができる」[2]と述べている。

効率的に生産するとは，未使用であったり，排出されたり，廃棄された資源を十分に利用することである。顧客がより高いお金を払う製品とは，快適な利用や残存価値がゼロになるまでの利用に結びつく製品である[3]。つまり，資源の生産性とは，生産段階から顧客に製品がわたった段階までの効率的な資源（材料，製造された製品）の有効利用を意味する。

住宅の効率的な生産・利用と環境問題を考察するとき，① 消費者が何を求めているかを住宅開発に活かし，この住宅をリユース部品やリサイクル材などを利用して省資源・省エネルギーで建築する。② 建築される住宅は，環境改善（ゼロ・エネルギー住宅）に貢献すること。③ 使用・廃棄段階では，建築される住宅の価値を永遠に活かしてゆくこと，あるいは，どうしても廃棄するときは，極力資材の再利用をしていくことという3つの視点を住宅産業は重視しなくてはならない。競争優位確立に向けて住宅産業は，環境対策をビジネスチャンスと捉え，何を無駄にしているのか，顧客価値をどのように高めてゆくことができるかを追求すべきである。

(2) 持続可能な社会と住宅産業

持続可能な社会を構築する上で参考になるのが，ナチュナル・ステップによるバックキャスティング手法である[4]。ナチュラル・ステップは，スウェーデンの小児癌の専門医であったカール・ヘンリク・ロベール博士の提唱によって1989年に発足した国際組織である。現在はナチュラル・ステップ・インターナショナルからライセンスを供与された現地法人が世界9カ国に存在する。活動の特徴として，科学者と協働して「持続可能な社会の条件」(4つのシステム条件）と，行動に向けた枠組み（フレームワーク）を作成したことが挙げられる。

ナチュラル・ステップの活動目標は，企業や地方自治体等の組織に対して，トレーニングとコンサルテーションを通じて，環境保護と経済的発展の双方を維持することが可能な社会を構築することである。問題が複雑で予測が不可能な場合，現在の状態から未来を予測するのではなく，持続可能な社会が満たすべき原則を明確に定義し，そこからバックキャスティングする姿勢が求められる。持続可能な社会が満たすべき原則とは以下の4つである。

① 自然の中で地殻から掘り出した物質の濃度が増え続けない。

② 自然の中で人間社会が作り出した物質の濃度が増え続けない。

③ 自然が物理的な方法で劣化しない。

④ 持続可能な社会においては，人々のニーズが世界中で満たされている。

住宅産業の環境問題への対応を，ナチュラル・ステップによるABCD分析（Awareness → Baseline Mapping → Clear Vision → Down to Action）で整理してみよう。第1ステップは持続可能な社会が満たすべき原則を住宅産業として認識することである。第2ステップは，持続可能な社会に関する4つの原則を基に，住宅産業としての今日の現状を分析することである。第3ステップは，持続可能な社会で住宅産業のあるべき姿を示唆し，住宅産業として何をなすべきかを考えることである。第4ステップは，住宅関連における対策の優先順位を決め，目標に一歩一歩近づくプログラムを作ることである。ABCD分析によるバックキャスティング手法は，環境対策への方向性や妥当性を検証するコンパスを持ちながら進化していくことを目標にしている[5]。

住宅産業が独自性を発揮させて持続可能な社会を創造するために，各ステップで見出した課題を振り返り，その意味を考えた上で，その後の活動に活かす反省と提言が生み出される。住宅産業が，事前に想定したことと活動結果の相違を認め，予期せぬことが生じた原因を究明することによって，持続的な住宅産業の発展が実現される。ゆえに，ナチュラル・ステップのバックキャスティング手法は，環境問題に関して多くの課題に挑む住宅産業の戦略策定に有効である。

3．資源の無駄を可視化する手法

(1)　住宅のライフサイクルアセスメント

具体的に，環境調和を製品規格に取り入れる手段として製品のライフサイクル全体（生産，使用，廃棄）を通して環境負荷を小さくする方策であるLCA（Life Cycle Assessment）が有効である。

住宅産業のLCAでは，住宅のライフサイクルにおける資源，エネルギー使用量，環境への物質（音，振動，電磁波，熱，有害生物などを含む）放出量のインベントリ（一覧表）が作成される[6]。インベントリは住宅建設におけるインプットとアウトプットに分けて分析される。インベントリによって明らかになる数値化された影響度合いに基づいて，環境への影響を評価するライフサイクル影響評価が行われる。ライフサイクルアセスメントでは，住宅建築と人間の健康，資源保全，生態系保全，地球温暖化，オゾン層破壊との関連が分析される。住宅産業のLCAは，住宅づくりの製造過程および利用過程での環境負荷を数値化する手法であるが，住宅を設計する段階で以下のような事項が配慮されると，ライフサイクルにおける環境負荷は軽減される。住宅づくり前の対策として以下のような環境適合設計という考え方がある[7]。

①　環境負荷の少ない原材料（森林の再生を考慮する）を使用する。

② リサイクル可能な原材料を使用する。

③ 建築物をリサイクル容易な構造とする。

④ 建設時の環境負荷（電力使用など）を小さくするような設計をする。

⑤ 住宅使用時の環境負荷（エネルギー使用等）を小さくするような設計をする。

⑥ 住宅解体時の環境負荷を小さくするような設計をする。

このような要件を満たす環境適合設計を推進するには，住宅産業の技術力が要求される。技術が社会に受け入れられるのは，豊かさや利便性などといった社会的効用をもたらすからである。環境調和型住宅は，この社会的効用を損なうことなく，副作用としての地球環境破壊や資源枯渇などを含めた環境影響をどれだけ減らせるかという総合的な視点で評価されるべきである。次項では，住宅のライフサイクルにおける環境負荷の金額評価の手法について考察していこう。

(2) マテリアル・フローコスト会計

マテリアル・フローコスト会計（Material Flow Cost Accounting，以下MFCAとする）における，マテリアルの意味には，2つの要素が含まれている[8]。それらは，物質と原材料という意味である。住宅のライフサイクルを，木材などの資源の採取から，建築，利用，解体までという自然科学的な視点で追跡していくと，その過程は物質の形状変化といえよう。このような資源の採取から廃棄までを過程を物質の側面から見ていくと，その過程で環境負荷がどれだけ発生しているのかを可視化することができる。一方，原材料は企業が対価を支払って購入する財（コスト）であると認識される。従前の企業の意識では，この原材料の対価というコストをいかに削減するかが，重要な指標となっていた。

MFCAでは，物質の側面からその物量変化とコストが測定されるので，住宅の建設から解体までのすべての物質のフローが明確になる。住宅の建材として使われた原材料のみではなく，建築工程で廃棄されてしまう排出物も可視化される。一般的な原価計算では，投入された資源の消費によって住宅の原価が算定され，建築過程での廃棄物は投入資源に転嫁されてしまう。そのため，廃棄物は，原材料費というコストに算入されてしまうのである。つまり，住宅建築に活かされた素材と廃棄されてしまった素材は区別されないというのが，一般的な原価計算の手法である。

MFAC では，一般の原価管理では見過ごされてきた廃棄物のコストが可視化されることにより，物量に連動したコストの面からどれだけの資源の無駄使いをしているかを算定できるようになる。住宅のライフサイクルにおいて，廃棄物がどれだけ出ているかを認識できれば，それが環境負荷軽減の指標になるとともに，無駄な原材料費用や加工費用の削減も可能になる。つまり，MFCA は，環境保全と利益創出（経済性）を同時に達成するための分析手法なのである。具体的には，エネルギーロスを算定し，コスト認識していく試みがある。住宅建設にかかわるエネルギー使用量が建設工程のどの工程で多いのか，そして，住宅完成後に住民が居住し，生活を送る場面のどこでエネルギーロスが生まれているのかを解明することができる。このようにして，建築業者にとっての無駄なコストと居住者にとっての無駄なコストとともに，環境負荷の程度が明らかになる。MFCA は，住宅の建設プロセスと居住者の生活プロセスを改善させる契機となり，環境イノベーションを促進させるだろう。

(3)　拡大生産者責任と住宅産業

前項では，産業社会で用いられる物質のフローとそのコストの認識について述べた。住宅産業における活動においては，建築業者はまず木材資源を消費し，建設工程では，少なからず化学物質を使用することにより，環境への何らかの負荷を与えている。MFCA と同様に，企業における物質フローを管理する手法として，拡大生産者責任（Extended Producer Responsibility，以下 EPR と記述する）が OECD で提案された[9]。EPR は，住宅産業であれば，その住宅建設にかかわる企業の物理的責任および経済的責任を木材採取から建築物の廃棄までに拡大することを意味している。

住宅産業がかかわりをもつ自然環境には公共財的な側面をもっている。純粋な公共財には，非排除性（消費を制限できない）と非競合性（誰でも無料で手に入れることができる）という2つの特徴がある。そのため，環境悪化は，単に経済プロセスにおける小さな欠陥から生じた偶然的な結果ではないのである。

むしろ，その根本的要因を追求するには，住宅産業に関わらず，多くの企業が経営意思決定の仕組みや経済活動をかたち作る社会力や政治力を考慮しなければならない。このような認識のもとに，住宅産業の環境負荷に対する責任の範囲も拡大している。そこで，住宅産業は，多くの住宅を建設するにあたって，多様なコストを支払うことになるが，他方で，そのような状況は，住宅産業に資源生産性の効率化を促す要因となった。つまり，経済上の外部コストをいかに少なくするのかが，住宅産業の課題となった。この外部コストを実践的に計算する手法が，Life Cycle Impact Assessment Method based on Endpoint Modeling（以下 LIME と記述）である。MFCA が物質フローにおける環境負荷に相当する金額を市場価格で計算するのに対し，LIME では，公開されている環境負荷物質の質的データと係数リストを乗じることによって，環境影響を金額評価することができる[10]。

(4) LIXIL―拡大生産者責任を果たすエコ・ファーストの約束

浴室，トイレ，キッチン，洗面化粧台などの住宅内装品を製造する LIXIL の環境に関する行動指針は以下のとおりである。

・私たちは，お客さまに対して，自然の恵みを活かした製品とサービスを総合的に提供し，お客さまと共に，これからの暮らしのあり方を考えます。
・私たちは，日々の仕事を進めるうえで，環境に関する法令の順守と汚染の予防に努め，低炭素・資源循環・自然共生につながる活動を行います。
・私たちは，地域や社会の一員として，一般市民や行政，NGO・NPO などとの相互理解を深め，協働して，私たちならではの環境保全活動を進めます。

このような行動指針のもとに LIXIL は，エコ・ファーストを実践し，その内容が環境省によって認承されている。その第１の柱は，製品利用時における二酸化炭素排出削減とエネルギー削減に寄与する以下のような目標である。

・高性能な断熱サッシ・ドア，節電・節湯機能を高めた製品の開発・販売により，家庭・オフィスビル等の民生部門における二酸化炭素排出量削減に寄与すること。

第２の柱は，製品製造時の環境負荷軽減を目標にする以下のような内容である。

・低炭素化の推進のため，調達・製造から廃棄まで，あらゆる事業活動におけるエネルギー消費のミニマム化に努めること。

・資源循環の推進のため，廃棄製品に含まれるアルミ等の金属原料について，産学官による共同開発への参画を通じて高度選別技術の実用化と製品製造工程における技術革新を重ね，業界トップランナーレベルにある原材料全体に占めるリサイクル原料の比率をさらに高めること。

・また，拡大生産者責任のひとつとして，住宅リフォーム廃材の再資源化を行う「エコセンター」事業を中部・関東に続き東北地区で2012年度に開始し，2015年度までに東北地区で年間5,000立方メートルの廃材を処理すること。

・自然共生の推進のため，木質材料の調達量に占める国内外の第三者機関による認証材，植林材，国産材および木質端材・廃材を原料とした加工材の合計の比率を，2015年度までに80%にすること。

・また，サトウキビの絞りカスを原料とした「バガスボード」を先進的な品質規格に適合させて，国内からアジアへ普及させることをはじめ，木質端材と再生プラスチックを混合成型した「強化木」および未利用材や早生樹を利用した木材改質の先進技術を活用する事業化により，木材資源の有効利用を促進し森林減少の抑制に寄与すること。

そして，第3の柱がステークホルダーとの相互理解と協働である。

・国内外の子どもたちに，生活に関わる水の大切さを伝える「水から学ぶ」活動を推進すること。国内では地域の小学校でオリジナル教材を使った出前授業を社員自らが実施し，海外では現地NPOと協働し，地元の子どもたちと対話しながら教育の支援を行い，2015年までに海外新規拠点での活動を1箇所追加し，活動を拡大すること。

・製造拠点のある地域の生物多様性や森林の保全を維持するため，社員とその家族が近隣住民や地方自治体，NPOと協働して森林の環境整備や間伐，植樹などを行う「森でeこと」や「工場の杜」活動を推進すること。

このように，LIXILは拡大生産者責任を前提に，製品の製造段階そして，住宅利用段階，そして，森林整備という視点から，持続可能な経営と環境との両

図 6-1　LIXIL の環境方針

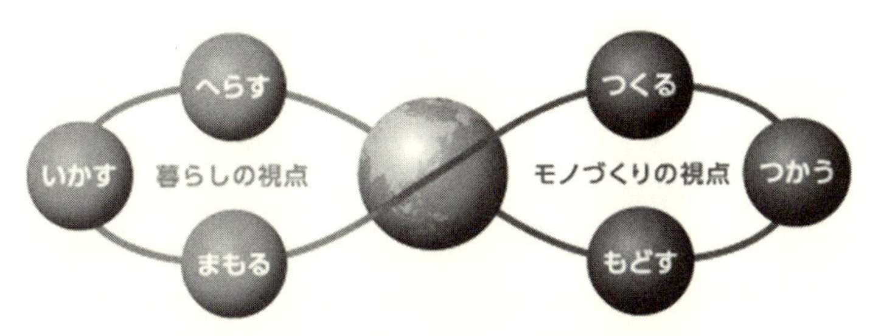

（出所）LIXIL グループ『CSR 経営 2015』2015 年，68 頁から引用。

立を目指している環境イノベーション企業である[11]。LIXIL の持続可能な経営を示すと図 6-1 のようになる。

4．エネルギー効率とスマートグリッド

(1)　スマートグリッドの構成要素

スマートグリッドとは，情報通信技術を使って，送電網，さらには電力会社の全体の電力需給を効率化するシステムである。コラムで述べるように，電力会社のみならず，一般企業による電力需給網も一部地域で機能しはじめている（柏の葉スマートシティ）。スマートグリッドでは，自然エネルギーの電力を自動的に蓄電，放電する仕組みが構築されている。そして，住居ではスマートメーターを活かすことで，時系列を追った電力消費を確認できるようになっている。即ち，個人の住居レベルでのデジタル化された情報が，省エネルギー対策に活かされている。

日本は，エネルギー資源が少ない国であるが，地方には風力を活かした発電，森林のバイオマス[12]を活かした発電，温泉地域での地熱発電などが少なからず存在している。それらを大都市圏に送れば，エネルギーロスが発生するが，それらを地消すれば，電力の地域内での融通が可能になる。つまり，中央

集権から地方分権へという経済的な目標と同様に，エネルギー需給の地方分権も進められるようになった。このようなエネルギーの地産地消を支えることがスマートグリッドの役割である。

スマートグリッドでは，このようなマクロの視点からの新規性のみならず，ミクロの視点からの活用が期待される。例えばそれは，人感センサー付きの照明，高齢者の見守りシステム，電力消費のピーク時の機器制御といった安全で快適，そして省エネを備えたスマートハウスである。このスマートハウスの中核が，HEMS（Home Energy Management System）である[13]。HEMSでは，住宅のホームゲートウェイに，制御対象の情報家電や太陽光発電，電気自動車が繋げられている。このような家屋内の機器連携をHAN（Home Area Network）という。そして，ホームゲートウェイは，インターネットやスマートフォンを通じて家屋外との繋がりを中継する役割をもっている。

前述したようにHEMSでは，電力のコントロールのみならず，住居に不審者が侵入したときの警告システムや，高齢者の見守りシステムなどのセキュリティとヘルスケア分野の社会安全を機能させることが可能になっている。各住居がHEMSに統合されて，ネットワークが構築されれば，その利便性は高まる。そのためには，情報伝達のインターフェイスの標準化が必要になり，住宅メーカーをはじめ，電力会社，通信事業者，電気機器メーカーがアライアンスを立ち上げている。HEMSを中核としたスマートグリッドは図6-2のように示すことができる。

日本では，HEMSに関連する家電メーカーや通信事業者，電力会社らで構成される標準化団体であるエコーネットコンソーシアムにて，上記目的を満たすための通信規格の標準化，普及活動が行われている。本コンソーシアムにおいては，マルチベンダ環境（異なるメーカの家電機器）で利用可能なホームネットワークの基盤ソフトウェアおよびハードウェア（家電機器の遠隔制御/モニタリング等に活用）の通信規格として「ECHONET規格」が策定されている[14]。以上のように，スマートグリッドの可能性は，日本における新産業の萌芽といってよいだろう。スマートグリッドの実現は，企業にとっての経済的な利得を生みだすとともに，環境経営のイノベーションとなるだろう。

図 6-2　HEMS を中核としてスマートグリッド

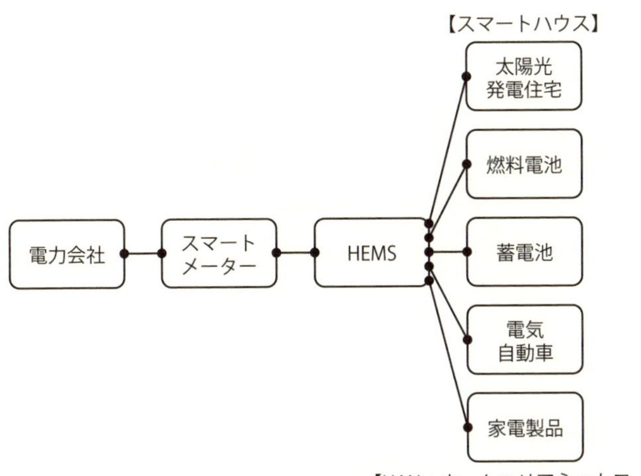

（出所）『日経エコロジー』152 号，日経 BP 社，2012 年，86 頁の図をもとに筆者作成。

(2)　スマートグリッドを活かした住宅

国内の住宅メーカーは，環境配慮住宅の販売に積極的である。積水ハウスはグリーンファーストという方針のもとに，太陽光発電や家庭用コージェネレーションシステムを搭載する商品の訴求力を高めた。日本の家庭部門でのエネルギー消費量はこの 40 年で倍増しており，効果的な削減対策を行うことが喫緊の課題となっている。日本で消費される電力の 3 分の 1 は家庭が占めている。東日本震災後，家庭生活での省エネは進んでいるが，我慢や節約意識には限界がある。これらの課題に住宅メーカーとしてどう対処し，それを持続可能な事業とするかが問われている。この解決を目指す 1 つの取り組みが積水ハウスの「グリーンファーストゼロ」である。快適に暮らしながら，家庭のエネルギーコスト削減と経済性を両立させる家づくりを，積水ハウスは実践している[15]。「グリーンファーストゼロ」の概念を図示すると図 6-3 のようになる。

政府はエネルギー基本計画（2014 年 4 月閣議決定）で，2020 年には標準的な新築住宅を ZEH（Zero Energy House）とすることを目標にしている。ZEH の特徴は，① 高断熱，ハイグレード断熱仕様，アルゴンガス封入複層

図 6-3　積水ハウスのグリーンファーストゼロの概念図

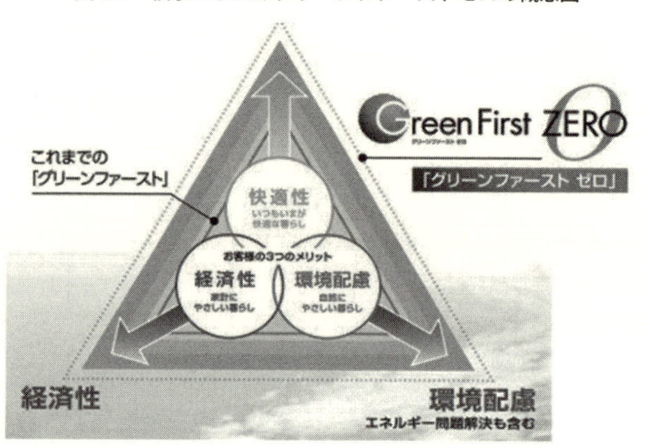

（出所）積水ハウスホームページ，https://www.sekisuihouse.co.jp/sustainable/netzero/objective1/1/index.html（2017年1月3日アクセス）より引用。

ガラスを標準採用，② 総合的な省エネルギー高効率空調設備，節湯型機器，LED照明，HEMS（Home Energy Management System）標準装備，③ 方位別ガラス，日射制御，通風配慮設計となっている。積水ハウスの事例から，2020年に向けて実用化が期待される住宅の要件を示すと図6-4のようになる。

このような住宅単位の省エネ対策の先に，全体的な効率性を目指すエネルギー利用をコントロールするスマートグリッドがある。当然のその主導権を握っているのは住宅産業ではあるが，電力会社もスマートグリッド市場に参入している。その主力商品は，ヒートポンプ給湯器「エコキュート」で，オール電化住宅の普及が期待されている。さらに，ガス会社や石油販売会社（東京ガス・大阪ガス・東邦ガス・西部ガス・新日本石油・アストモスエネルギー）も家庭用燃料電池コージェネ「エネファーム」の普及を目指している。従来のエネファームに対してより発電効率が高く，コストダウンが期待できるSOFC（固体酸化物形燃料電池）を開発してきた大阪ガスに，トヨタ自動車とアイシン精機が加わった。トヨタ自動車はトヨタホームと共同で，蓄電機能を備えたHEMSを開発し，割安な夜間電力を二次電池に溜めておき，その電力を昼間に使える効率的なエネルギー構想を実現している。トヨタ自動車は，当然，プラグインハイブリッド自動車や電気自動車の充電と住宅機能との連携も視野に

図 6-4　エコ・ファースト住宅のベストミックス

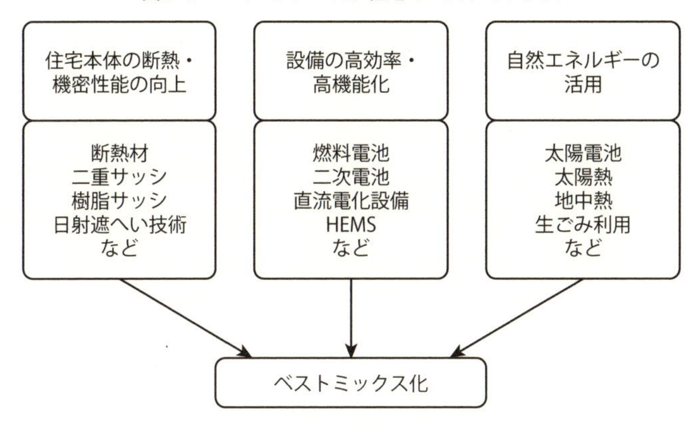

（出所）『日経エコロジー』122 号，日経 BP 社，2009 年，29 頁の図をもとに筆者作成。

入れている。

さらに，太陽光ではなく太陽熱を利用したエネルギー供給設備も開発されている。東京ガスは，矢崎産業や三共立山アルミなどと共同で，太陽熱利用給湯システム「SOLAMO」を投入し，従来の「エコジョーズ」と組み合わせて，太陽熱から給湯への交換比率を大幅に向上させている。

このように，住宅に付随するエネルギー供給企業のイノベーションの創出は活発で，電力会社，ガス会社，自動車製造会社が新たなエネルギー供給を目指して競争している。さらに，エネルギー需給のコントロールをつかさどる要として，IT 企業の参入が期待される。

5．二酸化炭素削減と低炭素住宅の認定

(1)　二酸化炭素排出削減と住宅産業

住宅産業として，二酸化炭素の排出を削減するにはという課題に対処することは，当然，地球全体の二酸化炭素を吸収している熱帯雨林の木材利用を控えることをも意味する。建設現場では，基礎のコンクリートを打設するときに多くの熱雨林地域の木材を使用してきた。しかし，熱帯雨林の減少が報告され

るようになり[16]，日本の住宅産業では，植林された針葉樹を合板にしたコンクリート枠，薄肉コンクリート板や鉄板のプレキャスト型枠が開発されて，熱帯地域の木材利用は減少している。

日本の大都市では，夏のヒートアイランド現象が深刻で，その対策として，建物の屋上緑化，壁面緑化，人工地緑化といった都市緑化技術の開発が進んでいる。特に，日本の屋上緑化では，荷重と給水システムが技術的に進歩している。厚さ1センチメートルの導水シート上に5センチメートルの土を敷くことで，高さ1メートルの低木が植樹できる。荷重は湿潤状態で60〜90キログラム／1平方メートルとなり，既存家屋の屋上リニューアルで地域そして地球の温暖化を緩和することができる。

大都市における地球温暖化を緩和する低炭素社会を実現するために，2012年に都市の低酸素化の促進に関する法律が施行された。この法律では，一定の低炭素化に資する措置が講じられた住宅を低酸素住宅として，所轄行政庁が認定する制度が規定されている。低炭素住宅として認定されるには，省エネルギー法にもとづく省エネ基準を超える性能が求められる。具体的には，1次エネルギー[17]の消費量を省エネルギー法で地域別に規定されている基準に対して10%以上削減していることが要件となっている。この10%以上の削減手段として，①節水に資する機器を設置していること，②雨水，井水，雑排水の利用のための設備を設置していること，③HEMSまたは，BEMS[18]を設置していること，④太陽光などの再生可能エネルギーを利用した発電施設と定置型の蓄電池を設置していること，⑤ヒートアイランド対策を講じていること，⑥住宅の劣化の軽減に資する措置を講じていること，⑦木造住宅若しくは木造建築であること，⑧高炉セメントまたはフライアッシュセメントを構造耐力上主要な部分に使用していることという8つの項目のうち2項目上の要件を満たすことが求められている。低炭素住宅の認定を受けると，住宅ローンのフラット35Sでの金利引き下げや，住宅ローン減税といった優遇措置が適用される。

(2)　低炭素住宅と地中熱

低炭素住宅の要件の④で挙げられている再生エネルギーの1つで，二酸化炭素排出を軽減するエネルギーが地中熱である。地中熱は地下数キロを掘ってマグマの熱を取り出す地熱発電とは異なり，地中熱は地下100メートル程度までの冷熱を指す。旭化成ホームズでは，地中熱を熱源とすることで消費電力を削減して二酸化炭素の排出を抑制し，冷房排熱を外気に排出しないで給湯に利用できることから，都市部のヒートアイランド現象の抑制効果が期待される「地中熱利用冷暖房システム」を，2004年よりヘーベルハウスの設備仕様として販売している。これは，販売エリアの大部分が都市部である同社にとっては特に，環境負荷軽減という面からも有効な技術といえよう。地中熱を利用するシステムは，地中熱冷暖房に自然冷媒ヒートポンプ式電気給湯機（エコキュート）と同様の機能を組み合わせることで，戸建住宅用量産システムとしては初めて，地中熱を熱源とする給湯システムとなった。この技術は，冬期には地中熱利用により，また，夏期には冷房排熱の有効利用により給湯効率を向上させ，二酸化炭素排出量の削減を実現した。なお，二酸化炭素の排出問題に大きく影響する家庭部門におけるエネルギー使用の約6割は，冷暖房および給湯が占めている。この地中熱システムは，その冷暖房と給湯の熱源に地中熱（および冷房排熱）を利用することで二酸化炭素排出量削減に貢献している[19]。

地中熱利用が促進されてない利用の1つが，深さ1メールあたりの1万5,000円という掘削費用の高さである。地中埋設パイプの長さはおよそ100メートルなので，総額で150万円程度の費用負担が発生する。このような費用面での壁に突き当たっている日本の住宅産業であるが，地中熱ヒートポンプ普及率トップのアメリカやドイツの住宅企業が日本国内での新たな市場開拓に進みつつある。国内住宅産業のエネルギーシフトを促進するには，太陽光発電だけではなく地中熱発電・給湯設備への国による補助が必要であろう。そして，1つのエネルギーに頼らずに済むような，エネルギー選択のポートフォリオという考え方が，今後の住宅産業の大きな課題となるであろう。

6．おわりに

世界各国は，これからの経済成長に関して，環境技術分野で成長していこうという方向性に動きはじめている。当然日本でも，このような方向へ進んでいくことが，経済と環境との共生という目標を達成することになる。

本章で考察してきたように，住宅産業において，多様な側面で環境配慮への行動がとられている。しかし，都市開発の大きなスケッチを描いているにしても，既存の住宅地を一朝一夕でスマートシティに変貌させることは難しいだろう。自然豊かな地域では，自然エネルギーを地産地消することで，二酸化炭素を減らすことができる可能性が高まる。そのためには，各住宅を現在の公営事業者の電源ネットワークから，地域主体の電源ネットワークに転換していくことが必要となる。都市では，ヒートアイランド現象が深刻で，壁面や屋上の緑地化といった，地道な方法で，スマートシティを作り出していく方法が今すぐできることではないだろうか。

その一方で，新規に実験的なスマートシティが誕生している。パナソニックが開発しているFujisawaサスティナブルスマートタウンは，神奈川県藤沢市の同社の工場跡地に，住宅約1,000戸と商業施設，公共施設からなり，この街全体の二酸化炭素排出量は，1990年比で70％削減されている[20]。各住宅にはパナソニック独自技術のHEMSが設置され，エネルギーの需給バランスが可視化されており，太陽光電池や燃料電池，ヒートポンプ給湯器[21]が全戸に配置され，照明のLED化が進められている。パナソニックは家電メーカーであるが，その延長線上で，環境・エネルギーそして住宅の総合サービス企業として発展の機会をつかんでいる。

このような事業の転換は，日本の多くの企業が得意とした，重厚長大型産業の進化した姿といってよいだろう。これまでの機械製造といった得意分野は，それ単体では，他の新興国に太刀打ちできなくなっている。そこで，日本の機械製造業は，街づくりや住宅といったパッケージで，その技術力を発揮する時代になったのである。ゆえに，住宅産業は環境というキーワードでつながる多数の企業の総合力で，ソーシャルイノベーションを推進しているのである。

［注］

1　Porter, M. E. and Class van der Linde, "Toward a New Conception of the Environment-Competitiveness Relationship," *The Journal of Economic Perspectives*, Vol. 9, No. 4, 1995.（三橋規宏監修『よい環境規制は企業を強くする』海象社，2008年，13頁。）

2　Porter, M. E. and Claas van der Linde, "Green and Competitive: Ending the Stalemate," in Porter, M. E. (ed.), *On Competition*, Harvard Business Review Book, 1996, p. 374.

3　*Ibid*, p. 372.

4　高見幸子『日本再生のルール・ブック—ナチュナル・ステップと持続可能な社会』海象社，2003年，29-43頁。

5　栗田猛・高見幸子「企業の存続を大きく左右する環境教育を考える」『企業と人材』第35巻第794号，2002年，10頁。

6　岡本眞一『環境マネジメント入門』日科技連，2002年，101頁。

7　同上書，108頁。

8　マテリアル・フローコストに関する記述は，天野明弘・國部克彦・松村寛一郎・玄場公規編著『環境経営のイノベーション』生産性出版，2006年，160-162頁の記述を参考にした。

9　勝田悟『持続可能な事業にするための環境ビジネス学』中央経済社，2003年，24頁。

10　LIME計算ソフトは産業技術総合研究所によって開発された。

11　LIXILのエコ・ファースト経営については，LIXILグループ『CSR経営2015』2015年，67-97頁を参照した。

12　バイオマスとは，生物資源（bio）の量（mass）を表す概念で，一般的には「再生可能な，生物由来の有機性資源で化石資源を除いたもの」をバイオマスという。バイオマスの種類には1.廃棄物系バイオマス，2.未利用バイオマス，そして3.資源作物（エネルギーや製品の製造を目的に栽培される植物）がある。廃棄物系バイオマスは，廃棄される紙，家畜排せつ物，食品廃棄物，建設発生木材，製材工場残材，下水汚泥等があげられ，未利用バイオマスとしては，稲わら・麦わら・もみ殻等が，資源作物としては，さとうきびやトウモロコシなどがあげられる。

13　HEMS（ヘムス）とはHAN（Home Area Network）と連動し家庭内のエネルギー管理をするためのシステムである。HEMS（ヘムス）は，電力の使用を効率化でき，節電や二酸化炭素の削減に貢献する。HEMS（ヘムス）はエコロジーと居住快適性を実現するための技術である。

14　山崎毅文「HEMS分野におけるホームネットワークでの通信プロトコル標準化動向について」『ITUジャーナル』Vol. 43, No. 11，2013年，36頁。

15　積水ハウスのエコ・ファースト・ゼロについては，http://www.sekisuihouse.co.jp/sustainable/netzero/objective1/1/index.htmlを参照した。

16　世界中で毎年1500万haあまり（北海道，九州，四国を合計した面積）の熱帯林が減少しているといわれている（国立環境研究所ホームページ http://www.nies.go.jp/nieskids/main2/nettai.html による）。

17　一次エネルギー消費量とは，建築や住宅で用いるエネルギーを熱量換算した値である。ただし，電気については，電気そのものの熱量ではなく，発電所で投入する化石燃料の熱量で換算される。

18　BEMSとは，BEMS（Building Energy Management System）とは，ビル等の建物内で使用する電力使用量等を計測蓄積し，導入拠点や遠隔での使用電力の「見える化」を図り，空調・照明設備等の接続機器の制御やデマンドピークを抑制・制御する機能等を有するエネルギー管理システムである。

19　旭化成ホームズの事例は，https://www.asahi-kasei.co.jp/asahi/jp/news/2008/ho080805.html を参照した。

20　本橋恵一『スマートグリッドがわかる』日本経済新聞出版社，2011年，148頁。

21　ヒートポンプとは冷媒を使って，低い温度のところから高い温度のところに熱をくみ上げる仕組みである。冷媒に圧力をかけると，高温の液体となるため，これを活かして暖房や給湯が行われる。

[参考文献]

Porter, M. E. and Class van der Linde, "Toward a New Conception of the Environment-Competitiveness Relationship," *The Journal of Economic Perspectives*, Vol. 9, No. 4, 1995.（三橋規宏監修『よい環境規制は企業を強くする』海象社，2008年。）
Porter, M. E. and Claas van der Linde, "Green and Competitive: Ending the Stalemate," in Porter, M. E. (ed.), *On Competition*, Harvard Business Review Book, 1996.
天野明弘・國部克彦・松村寛一郎・玄場公規編著『環境経営のイノベーション』生産性出版，2006年。
岡本眞一『環境マネジメント入門』日科技連，2002年。
勝田悟『持続可能な事業にするための環境ビジネス学』中央経済社，2003年。
栗田猛・高見幸子「企業の存続を大きく左右する環境教育を考える」『企業と人材』第35巻第794号，2002年。
高見幸子『日本再生のルール・ブック―ナチュナル・ステップと持続可能な社会』海象社，2003年。
本橋恵一『スマートグリッドがわかる』日本経済新聞出版社，2011年。
山崎毅文「HEMS分野におけるホームネットワークでの通信プロトコル標準化動向について」『ITUジャーナル』Vol. 43, No. 11, 2013年。
LIXILグループ『CSR経営2015』2015年。
『日経アーキテクチュア』1029号，日経BP社，2014年。
『日経エコロジー』122号，日経BP社，2009年。
『日経エコロジー』152号，日経BP社，2012年。
旭化成ホームズ（https://www.asahi-kasei.co.jp/asahi/jp/news/2008/ho080805.html）。
国立環境研究所（http://www.nies.go.jp/nieskids/main2/nettai.html）。
積水ハウス（http://www.sekisuihouse.co.jp/sustainable/netzero/objective1/1/index.html）。

Column：柏の葉スマートシティのソーシャルイノベーション

三井不動産が主導して開発を進める柏の葉スマートシティ（千葉県柏市）は，環境共生，新事業創造の実現を目指す課題解決型の街である。柏の葉スマートシティでは，自営の送電線で分散電源を融通し合うスマートグリッドが国内で初めて実現した。街の玄関口のゲートスクエア（主にオフィス棟）と，隣接街区「ららぽーと柏の葉」のそれぞれに設置した蓄電池や太陽光発電設備，非常用ガス発電機が結びつけられ，エリアエネルギー管理システム（AEMS）が需要の変動に応じた電力の融通を可能にしている。ゲートスクエア内の賃貸住宅にはHEMSが導入され，エネルギー消費の少ない（節約している）世帯には，地域の買い物で使えるポイントが付与される。

電力の需給を最適化するスマートグリッドの実現には，2つの課題があった。1つは，公道をまたぐ送電線の設置には，道路管理者からの許可が必要であること。柏市は，三井不動産に対して，1本の道路につき1カ所を条件に送電線の敷設を認めた。この送電線網により，平日は「ららぽーと柏の葉」からゲートスクウエアへ電気を供給し，休日は逆にゲートスクウエアから「ららぽーと柏の葉」に電力を供給できるようになった。

もう1つの課題は，電気事業法による特定供給の許可申請の可否である。電力事業者以外から電力を供給することを電気事業法で特定供給という。特定供給の認可を得るには，当該地域（柏の葉スマートシティ）によるの電力供給量が電力需要の50%を満たさなければならなかった。三井不動産は，経済産業省との協議の結果，電力融通は電気事業法の適用外という結論を得ることになった。このような交渉の結果，経済産業省は，太陽光発電でも蓄電池と合わせて，その出力の安定性が確保できれば，それらを電気事業法の発電設備として認めるようになった。柏の葉スマートシティは，初の太陽光発電による特定供給の許可を得た。柏の葉スマートシティは，2030年までに，通常の街づくりと比較して二酸化炭素削減率60%を目指し，進化を続けている[注]。

このように，スマートグリッドを目指したスマートシティづくりには，いくつかの越えなければならない課題があるが，その課題は，業界や行政による規制であった。従来の慣行にとらわれず，民間の技術力を活かすことで，環境イノベーションが具現化するのである。

このようなハードの側面が整っているとしても，人が集まらなければスマートシティはゴーストタウンになってしまう。そのため，柏の葉スマートシティは街としての魅力を備えている。この街の中心には，近年開業した「つくばエクスプレス」の駅があり，柏の葉スマートシティの中心である「柏の葉キャンパス」駅まで，秋葉原から30分程度である。つまり，この街には都心に通う人たちのベッドタウンとしての役割がある。さらに，ショッピングセンターやホテルも駅周辺に集約され，外来者の受け入れも万全である。

そして，ベンチャー企業や東京大学のフューチャーセンター推進機構が入る「KOIL（コイル）」は，新規事業を生みだす拠点として位置づけられている。柏の葉スマートシティは，エコ，住宅，ショッピング，ホテル，そしてラボラトリーを兼ね備えた，イノベーションシティである。

注　柏の葉スマートシティの詳細については，『日経アーキテクチュア』1029号，日経BP社，2014年，66-71頁を参照した。

第7章
製紙産業における環境経営
—自主的環境行動計画と古紙原料の有効活用を中心に—

キーワード：環境に関する自主行動計画，古紙回収率，古紙利用率

1．はじめに

製紙メーカーが社会に送り出す紙製品は，現代社会において重要な物品であり，日常生活，経済活動に欠かせない製品として位置付けられている。紙の原料は木材チップからなるパルプ，そして「古紙原料」を主にしており，この二つの原料の構成比をどういうふうにするかによって，紙製品を製造する企業の生産コストだけでなく，環境負荷の問題にも大きく関連してくる。日本における紙・板紙，そして段ボール原紙の消費量は世界のトップクラスであるが，その紙・板紙の原料の約40％が古紙であり，段ボールを作る段原紙の原料の90％以上は古紙である。

このように，原料として古紙が多く使われる背景には，従前から古紙が安価で経済的なメリットが大きかったこと，そして，ごみの減量化や森林資源保護，ということがあげられる。

本章では，環境経営という視点から，循環型社会における古紙のリサイクルのあり方について考察することを目的にしているが，昨今における企業の環境経営への取り組みは，1970年代以降における，① 企業を取り巻くさまざまなステークホルダー（利害関係者）の意識の変化，② 環境配慮型の製品・サービスを優先して購入するグリーンコンシューマーや社会的責任投資，あるいは③ 環境NGOといった，環境問題に非常に高い関心を持つステークホールダーが登場したことにその端を発している。そして，1997年，地球温暖化に関する国際会議が京都で開催され，それを契機とする，日本企業の環境問題への取り組みが少なからず進められている。その環境経営の果実は，省資源，リサイクル等の活動を通じてのコストの削減が可能になること，そして，環境経営を通じての企業に対する信用や信頼感の向上などが言われている。製紙メーカーにおける環境経営の出発も左記のような時代の流れを汲んでいるといっても過言ではない。

しかし，数年前，日本では製紙メーカーによる古紙配合率偽装問題が話題となった。従前からリサイクルの仕組みを確立したはずの製紙メーカーによる再生紙での偽装の発覚，すなわち，古紙を混ぜる割合を偽っていたことが発覚したその問題は，「環境重視のかけ声が先行する中で，他業界を含め，エコをうたう商品は本物なのかという疑問がわきかねない」[1] という疑問を噴出させ，製紙業界のコンプライアンス意識の欠如という側面が俯角された。

実際，企業の環境経営の取り組みとは，1970 年代から環境保護や環境汚染に関するいわゆる公害関係の法令が厳しくなり，今日においてはその範囲はますます広がっていたため，その規制を守ってさえいれば良いという消極的な考え方がいまだに主流になっているのかもしれまい。しかし，環境を保護しようとする積極的な価値観の出現に，経営の軌を一にすることが，一つのビジネスチャンスとなり，その流れを利潤に結び付けることができれば，社会における環境対策の流れに好循環をもたらすことが可能になろう。

以下では，① 製紙産業の現状と動向について概観し，② 製紙産業の環境対策の実状を考察し，そして，③ 製紙原料として利用される古紙リサイクルの現状を考察する。結論としては，製紙メーカーの社会的責任の追及とともに，原料としての古紙の利用率を上げることが，経営利益に繋がることを確認し，特に，古紙リサイクルが森林の保護だけでなく，廃棄物の減量化及び資源としての有効活用の観点からも重要であることを明らかにする。

古紙のリサイクルは製紙業界及び関連業界，消費者が連携して効果的に進める必要があるが，なかんずく，製紙メーカーによる，有効な古紙原料の利用と環境経営への取り組みの相関性を把握することが本章の目標である。

2．製紙産業の概観

(1) 市場規模および市場成長性

日本製紙連合会によれば，2013年の世界の紙・板紙生産量は，4.0億tと前年比0.8%増加しており，主要地域別に見ると，経済発展を背景に各品種で高成長を示しているアジアの存在感が増してきている。その一方でこれまで世界の紙パルプ産業を牽引してきた北米・欧州・日本のシェアが低下してきている。そして，2013年の日本の国民一人当たりの紙・板紙消費量は214.6kgと世界でもトップクラスの水準にある。一人当たり消費量は，発展途上国より先進国が高い傾向にあり，世界平均では56.5kgとなっている[2]。

現在，日本は世界で中国，そしてアメリカに次ぐ第3位の紙生産国である。生産量において近年中国に抜かれてはいるものの，1970年以来，2000年代に入るまではアメリカに次ぐ世界第2位の地位を保っていた。2000年代まで日本の紙生産量が伸びた背景には日本国内での紙需要の増加がある。戦後，高度経済成長期を経る中でライフスタイルが変化し，紙はそれまで以上に生活に欠かせないものであったこと，そして，印刷・情報用紙の需要の伸びが非常に大きかったことがあげられる。

このように，日本の製紙産業は，日本経済の発展とともに規模を拡大してきた。近年においては少子化による人口減少や若者の活字離れ，インターネット普及によるペーパーレス化等により，図7-1に見るように，リーマンショックの2009年に大きく生産量を落とし，それ以降は以前の水準に回復することなくほぼ横ばいで推移している。現在における日本の紙の生産量は，パルプと紙加工品を除いて，1,500万t程度である。

製紙会社の主力となる紙・板紙の生産量推移をみると，1991年まで毎年前年を上回る成長が続いた。その後，2008年までは2,000万t前後とほぼ横ばいで推移してきたが，2009年には世界的な景気悪化の影響を受けて1,600万t台に減少した。さらに，2014年には1,500万tを割り込むなどマイナス基調が続いており，将来的にも大幅な回復は期待できない状況となっている。

図 7-1　紙製品の生産量の推移（パルプを除く）

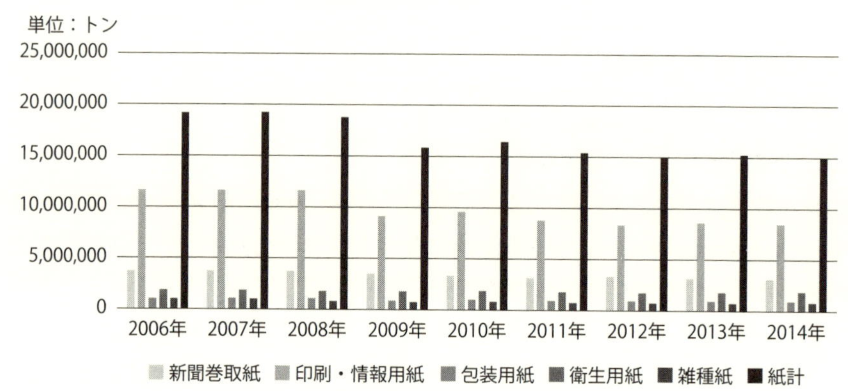

（出所）経済産業省 HP，経済産業省生産動態統計（http://www.meti.go.jp/statistics/tyo/seidou/result/ichiran/08_seidou.html#menu9），2015 年 11 月 22 日アクセス。

(2)　業界構造と競争状況

表 7-1 に見るように，製紙連合会によると，2015 年度を基準にして売上高から見た製紙業界全体の規模は，4 兆 7,374 億円であり，業界全体の経常利益は，1,792 億円に上る。製造業全体の約 2.4%，製造業 24 業種中第 17 位の位置を占めている。しかし，紙製品の生産量が減っている状況から，過去 5 年間の伸び率は，-0.01%であり，マイナス成長を記録している。

そして，業界全体としては，各製紙メーカーの業績の差ははっきりとしているが，競争状況は厳しい状況となっている。以下では，分野別の競争状況を詳しく見てみる。

印刷用紙業界においては，王子製紙，日本製紙の 2 大グループを筆頭に，小規模なメーカーを含め，多くの企業が競争している。成熟分野であるだけに新規参入の可能性はないものの，競争企業の数は依然として多いといえる。しかし，新聞用紙業界をみれば上位 3 社で 8 割超のシェアを押さえるなど上位集約が進んでいる。これは，国内の新聞メディアとの資本関係や，長年における閉鎖的取引関係の所以である。一方，一般印刷用紙業界においては，2009 年以降，円高を背景に塗工紙やコピー用紙の市場において中国やインドネシアからの輸入紙の存在感が高まり，国内市場の競争はますます激しくなっている。印

表 7-1　企業別紙製品の売上高（2015 年）

（単位：億円）

企業名	生産品目	順位	売上高
王子ホールディングス	段ボール原紙，板紙，家庭用紙，特殊紙，新聞用紙，印刷用紙など。	1	1兆3,325
日本製紙	段ボール原紙，板紙，家庭用紙，特殊紙，新聞用紙，印刷用紙など。	2	1兆0,812
レンゴー	段ボール原紙，板紙，包装紙。	3	5,231
大王製紙	段ボール原紙，板紙，家庭用紙，特殊紙，新聞用紙，印刷用紙など。	4	4,300
北越紀州製紙	印刷用紙，板紙，特殊紙。	5	2,238
三菱製紙	印刷用紙，特殊紙，家庭用紙。	6	2,074
リンテック	印刷用紙，特殊紙。	7	2,032
トーモク	段ボール原紙，包装紙。	8	1,503
中越パルプ工業	板紙，家庭用紙，特殊紙，新聞用紙，印刷用紙など。	9	997

（出所）日本製紙連合会「紙・板紙統計年報」の統計から筆者作成。

刷用紙は，市場において，代替不可能な製品ではないため，顧客の継続性と安定性は低いといえる。

包装用紙，その中でも段ボール原紙の分野においては，上位3社で約6割のシェアを押さえるなど，原紙メーカーの上位集約が進んでいる。さらに，段ボール箱は，原紙を貼り合わせるシートメーカー，シートを段ボール箱状態にするボックスメーカーの存在が必要になるが，原紙メーカーによる段ボールメーカーの系列化が進んでおり，中小の段ボールメーカーにまで大企業の採算重視の経営手法が浸透し，業界全体として市況形成への影響力が強まっている。製紙連合会の統計によれば，板紙の輸入比率は3%程度で推移しており，中でも段ボール原紙の輸入紙比率は1%台にとどまっている。

段ボール原紙は，その品質面で差別化を図ることが難しく，市場における顧客の継続性と安定性は低い。ただし，段ボール分野では，上記のように，原紙メーカーによる段ボール会社の系列化が進んでおり，安定した販売先を確保しようとする動きが強い。そのため，市場における顧客の継続性は，原紙からシートの段階までは比較的高く，最終顧客に近づくほど低くなるといった特徴を持つ。

一方，産業資材用の紙市場は，技術的な投資が必要であり，市場規模も大きくないことから，製紙産業全体からして，市場参入者は限られている。製品の特殊性を高め，個別ユーザーに対応した特殊機能を付加するほど，乗り換えが難しくなるため，市場における顧客の継続性がみられる業界になる。しかし，先端分野における開発競争が，市場シェア獲得のポイントになるため，競争がないとも言えない。これとは逆に，生活資材，とりわけ生活用紙の市場は，技術的な参入障壁は低く，特に衛生用紙では古紙パルプを投入原料とする中小企業が多い。さらに，衛生用紙を中心に機能面で明確な差別化を図ることが難しいうえ，一般消費者向けの製品であることから価格競争に陥りやすく，市場における顧客の継続性は期待できない。しかしながら，産業資材用の紙市場と同じく，従前から既存メーカー間におけるシェアの変動は大きくない特徴を持つ。これは販売促進や新製品の継続的な投入など，膨大なコストをかけている結果でもあり，この理由から市場競争は激しいともいえる。

以上，製紙産業の市場規模，市場成長性，そして業界の構図を説明してみた。ここで分かったことは，製紙産業が世の中に送り出す紙製品は，一概に紙製品と言っても，新聞用紙を含む印刷用紙，段ボール原紙を含む包装用紙，産業資材用紙，そして家庭用紙を含む生活用紙，の4分野においてそれぞれ需給構造が異なり，収益性も製品と原料の市況や為替動向によって変化していくということであった。

製紙産業のようなスケールメリットが効く装置産業においては，固定費負担が利益圧迫要因となるため，生産能力を高めようとするインセンティブが働き，また，能力に見合う販売量を確保しなければならない。生産能力にあった商品市場を確保し，安定した稼働率を維持していけばコスト競争力は強くなる。なかでも，印刷用紙や包装用紙の分野においては，装置産業として量産効果が大きい。さらに，段ボール原紙を含む包装用紙の分野においては，製品価格に占める古紙パルプのウエートが大きく，原料調達の安定性が重要となる。

以下においては，製紙メーカーにおける環境問題の取組みを紹介し，なかでも，製紙メーカーにおける「古紙原料の活用」を，環境経営の視点から考察することにする。

3．日本の製紙メーカーにおける環境対策

(1) 日本の製紙産業における従前のイメージ

従前，製紙産業のイメージは，「公害型産業」，「森林破壊産業」，「ごみ発生源産業」などと決してよくなかった。製紙産業に対するこのようなイメージは，一つは70年代における「田子の浦港のヘドロ問題」，そして，1990年10月に社会問題化したダイオキシン問題に起因するものである。田子の浦港のヘドロ問題とは，1970年の公害問題であり，当時，田子の浦港でヘドロ公害が起こり，そのヘドロは港湾としての機能を妨げるだけでなく悪臭などを引き起こす社会問題であった。1990年のダイオキシン問題は，パルプの漂白の過程から発生する紙パルプ工場付近の水質汚染問題である。1991年の環境庁調査では，紙パルプ工場付近の魚介類や水質は，一般地域と比べても特に有意な差はなく，人の健康に被害を及ぼすとは考えられないとの見解が示され，問題となるレベルでないとみとめられた。その後製紙業界では，従来の塩素漂白法を止め酸素漂白法導入し，さらにパルプの洗浄強化などを実施している。

このような製紙業界の対応と努力は社会的にも評価されるべきものである。現在においては，製紙メーカーの環境に対する経営努力は，すなわち，大気汚染，水質汚濁，悪臭，廃棄物などの環境問題，およびエネルギー問題などについて行っている対策は，全産業を通してみても劣るものではないといえよう。

一方，主要な資源の大部分を輸入に依存している日本においては，「近年の国民経済の発展に伴い，資源が大量に使用されていることにより，使用済物品等及び副産物が大量に発生し，その相当部分が廃棄されており，かつ，再生資源及び再生部品の相当部分が利用されずに廃棄されている状況にかんがみ，資源の有効な利用の確保を図るとともに，廃棄物の発生の抑制及び環境の保全に資するため，使用済物品等及び副産物の発生の抑制並びに再生資源及び再生部品の利用の促進に関する所要の措置を講ずることとし，もって国民経済の健全な発展に寄与することを目的とする」[3]，「資源の有効な利用の促進に関する法律」が制定されている。製紙産業は，エネルギーの多消費型産業であり，多

量の水を必要とする用水型産業である。さらに，木材チップからパルプを生産し，それを製紙の主原料として使用する産業である。このような事実からして，製紙産業は，上記法律の目的に示されている，「資源の有効な利用の促進」と，「廃棄物の発生の抑制及び環境の保全」に最もかかわりのある産業になろう。

従前においては，紙は「青々とした立木」を原料としていると社会に信じ込まれ，製紙産業は森林を破壊する地球環境破壊産業だという悪いイメージがあった。しかし，日本の製紙産業は，再生資源に属する古紙を主原料として使用しており，製紙原料として古紙の利用率を60％以上まで上げている。日本は，世界でもトップクラスの古紙有効利用国であり，リサイクルの側面から，資源循環型産業を作ろうとしているのも事実である。

さらに，エネルギーの多消費型産業である製紙産業は，過去15年間においてエネルギーを約3割削減してきた。この省エネにより，温暖化ガスといわれるCO_2の削減にも寄与している。また，用水については，紙1tを作るための用水を150tほど使用してきたが，現在は，100tまで用水の量を減少している。

このように，再生資源に属する古紙を主原料として使用している製紙産業を，「市場環境」だけでなく，「社会環境」との接点から考える場合，資源の有効な利用の確保と，廃棄物の発生の抑制及び環境の保全は，非常に重要なキーワードになる。さらに，エネルギーの多消費型産業という側面からも，いわゆる「社会環境」との接点が重要になる。以下では，「資源の節約」「環境保全」そして「リサイクル」というキーワードから，熟成産業である製紙産業が，社会の将来とともに発展していくために，どのように環境経営を実施しているかを考察する。

先に結論を言うと，その環境経営とは，環境保全への熱意と実践でもあり，継続的な「資源確保」と「技術開発」による利益の確保を軸にする経営になろう。

(2)　製紙産業における低炭素社会実行計画

リサイクルを通じた資源の節約，および環境保全というキーワードが昨今のキーワードとされているが，製紙産業はまさにこれに当てはまる産業であるといえる。

日本製紙連合会は1997年「環境に関する自主行動計画」[4]を制定以降，8回にわたり本計画の目標値を順次，強化改定し，温暖化対策，資源環境問題へ業界をあげて積極的に取り組んでいる。環境に関する自主行動計画の基本方針は，① 地球温暖化問題の解決に向け，国際的取り組みも含め最大限の努力を払うこと，② 環境を守り，資源を持続的，効率的に利用する循環型社会の構築を目指すこと，③ 環境マネジメントシステムのさらなる構築，定着を目指すこと，となっている。日本の製紙メーカーは，2012年度からは新たな「環

表7-2　環境行動計画の環境方針及び行動方針

環境方針	行動方針
1. 低炭素社会の実現	持続可能な社会の実現に向け，「低炭素社会実行計画」（フェーズⅠ，フェーズⅡ）を推進する。 ■2005年度比で2020年度までに化石エネルギー由来 CO_2 排出量を139万t削減する（フェーズⅠ）。2005年度比で2030年度までに化石エネルギー由来 CO_2 排出量を286万t削減する（フェーズⅡ）。 ■ CO_2 の吸収源として2020年度までに国内外の植林地面積を1990年度比42.5万ha増の70万haとすることを目標とする（フェーズⅠ）。CO_2 の吸収源として2030年度までに国内外の植林地面積を1990年度比52.5万ha増の80万haとすることを目標とする（フェーズⅡ）。
2. 自然共生社会の実現	■違法に伐採され，不法に輸入された木材･木製品を取り扱わない等，違法伐採対策を推進する。 ■間伐材を始めとする国産材の利用拡大に積極的に取り組む。 ■森林認証の積極的な取得等を通じて，持続可能な森林経営の推進に努める。
3. 循環型社会の実現	■2015年度までに古紙利用率64%の目標達成に努める。 ■2015年度までに産業廃棄物の最終処分量を有姿量で35万tまで低減することを目指す。
4. 環境リスク問題への対応	原料調達から再資源化までの各段階における環境影響の改善に取り組むための環境管理計画を作成し，実行・監査していく。 ■環境負荷の削減に努力する。 ■紙・板紙製品への化学物質利用によるリスクの低減を図る。
5. 環境経営の着実な推進	環境との共生を経営の中心に位置付けた事業活動を行い，世界の製紙業界での資源･環境問題への取り組みにおいて積極的な役割を果たす。 ■環境マネジメントの定着を図る。 ■国際貢献を推進する。

（出所）製紙連合会ホームページ（www.jpa.gr.jp/env/plan/brief/），2015年11月15日アクセス。

境行動計画」[5]を制定し，表7-2のような行動方針を決め，新たな目標に向け行動することにより，環境と経済活動の調和を図り，持続可能な社会の構築に向け努力をしている。

それでは以下において，日本の製紙メーカーによる実績生産量と化石エネルギー使用量及びCO_2排出量の推移を日本製連合会による調査結果[6]を基にまとめてみよう。

日本製紙連合会が明らかにしている低炭素社会実行計画の目標とは，具体的に，①2005年度比で化石エネルギー由来CO_2排出量を2020年度BAU[7]に対し139万t/年削減すること，②CO_2の吸収源として，2020年度までに国内外の植林面積を1990年度比42.5万ha増の70万haとすることであった。

まず，表7-3は低炭素社会実行計画の目標に対する2014年度実績をまとめたものである。この表に見るように，2014年度の実績CO_2排出量は1,805万t/年であったので，対2005年度基準でCO_2排出量の削減率は▲27.6%（2,494万t/年→1,805万t/年）となっている。さらに，CO_2排出原単位についてみると，目標達成のためのCO_2排出原単位は2020年度で0.852t-CO_2/tであるが，2014年度の実績は0.781t-CO_2/tとなっている。

さらに，1990年度から2014年度までの低炭素社会実行計画の進捗状況は，以下のようにまとめられる。製紙業界による低炭素社会実行計画では，化石エ

表7-3　低炭素社会実行計画と2014年度実績

	生産量（紙，パルプ）（万t/年）	CO_2		化石エネルギー	
		排出量（万t/年）	原単位（t-CO_2/t）	消費量（PJ/年）	原単位（GJ/t）
2005年度実績（基準）	2,744	2,494	0.909	345	12.6
2013年度実績	2,347	1,874	0.799	244	10.4
2014年度実績	2,311	1,805	0.781	236	10.2
低炭素社会実行計画（2020年度）					
BAU（対策なし）	生産量見通し	2,244	0.909	←2005年度基準原単位	
目標	2,472	2,105	0.852	←目標達成のための想定原単位	
目標削減量		139			

（出所）日本製紙連合会「2015年度「低炭素社会実行計画（温暖化対策）」フォローアップ調査結果（2014年度実績）」2015年9月24日，4頁。

ネルギー由来のCO_2排出量を削減することを目標としており，2005年度比で2020年度までにCO_2排出量を2020年度BAUに対し139万t削減することを目標としている。

日本国内の紙・板紙需要は2008年のリーマンショック以降は少子高齢化や紙以外のメディアとの競合など構造的な要因により減少傾向にあり，2014年度についても消費税増税後の落ち込みが大きく，紙およびパルプの生産量は2,311万tと前年2013年度実績の2,347万tに対し約1.6%減少している。このような生産に対して，製紙メーカー各社の省エネルギー対策，燃料転換対策，生産工程の見直しによる効率的な機器運用及び高効率ガスタービンの稼働などにより化石エネルギー使用量は約3.4%減少した結果となっている。その結果，化石エネルギー原単位指数は1990年度比で2013年度の69.6から2014年度は68.4と1.2ポイント良化した結果となった。

またCO_2排出量については，2014年度は1,805万tで前年2013年度の1,874万tよりも69万t減少しているが，CO_2排出原単位は，2011年度から2012年度については原発停止で購入電力の炭素排出係数が大きくなったことが影響し，2010年度の76.8に対し一時的に悪化していたが，2013年度以降は良化傾向にあり，2014年度は前年度に比べ1.6ポイント良化の76.1となり過去最小の値となっている。

2013年度と2014年度を比較すると，紙の減産に伴い総エネルギー原単位がわずかに増加し，再生可能エネルギー原単位も増加している。また，化石エネルギー原単位については，継続して減少傾向にあるのが調査の結果で分かった。

また，2005年度と2014 年度を比較すると，化石エネルギーの構成比率は58.3%から47.3%に11ポイント減少し，再生可能エネルギーが37.4%から43.5%へ6.1ポイント増加している。化石エネルギーでは重油の減少が14.9ポイントと著しく，継続的な減少傾向にあることが分かる。

このような低炭素社会実行計画のために，各企業は次のような投資活動を展開してきた。表7-4は，各企業の投資額推移を示している。さらに図7-2は，生産量とCO_2排出量及び化石エネルギー使用量，そして企業の環境対策のための投資額の推移を示したものであるが，業界全体の特徴として，省エネル

表7-4　投資額推移

（単位：億円）

年度	2000	2001	2002	2003	2004	2005	2006	2007	2008	2009	2010	2011	2012	2013	2014	合計
燃料転換	0	0	67	78	184	177	350	286	447	155	3	37	20	7	0	1,811
省エネ対策	230	169	82	103	249	84	92	314	73	64	68	49	31	56	130	1,796
合計	231	169	148	181	433	261	441	601	520	219	72	86	52	63	130	3,607

（出所）日本製紙連合会「2015年度「低炭素社会実行計画（温暖化対策）」フォローアップ調査結果（2014年度実績）」2015年9月24日，7頁。

図7-2　生産量とCO_2排出量及び化石エネルギー使用量推移

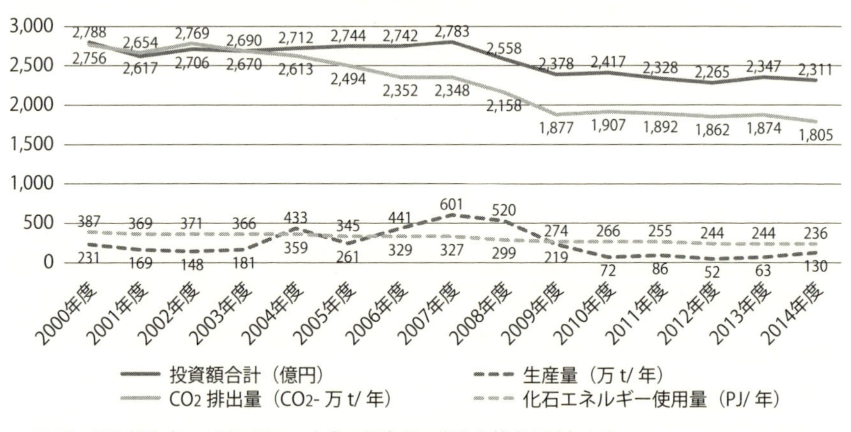

（出所）同上報告書，4頁の図に，企業の投資額の推移を筆者が追加した。

ギー投資は，化石エネルギー使用量削減率で1～2%の範囲で実施していることが分かる。また，燃料転換投資については，2002～2009年度において多く実施しており，省エネ投資・燃料転換投資を合わせた化石エネルギー削減率は最大で5%以上得られていた時期もあった。これは大型の燃料転換投資の効果によるところが大きい。

このように，日本の製紙メーカーは，自主的な行動計画により，投資額以上の環境対策の効果を生んできたのである。以下では，製紙メーカーにおける自主的な環境対策の中でも，循環型社会の実現に向けた，古紙原料利用の実状を確認する。

4．製紙原料としての古紙

(1)　古紙の概念と用途

図 7-3　古紙原料の調達と流通

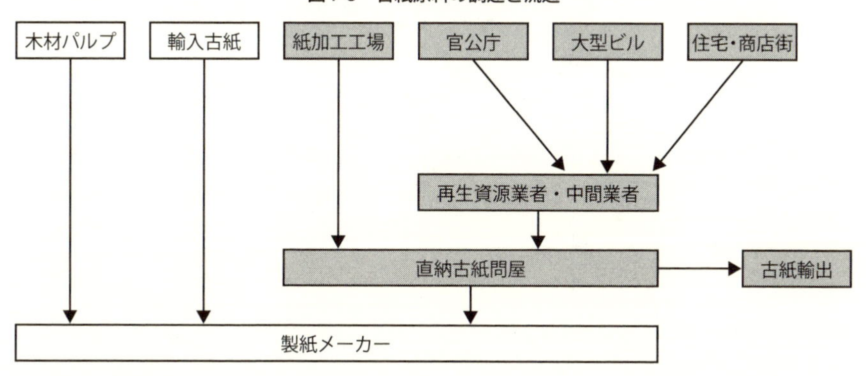

（出所）筆者作成。

図 7-3 にみるように，日本における古紙は，さまざまな流通を経て製紙メーカーに納入される。古紙が大量に発生する場所からは専門業者が回収し，製紙メーカーに製紙原料として納入する直納業者に送られる。また，直納業者が直接回収することもあるが，これら発生源から様々なルートを通じて集められた古紙は，直納業者に搬入され，計量されたあと古紙梱包機でプレス処理されて，1t ほどの大きさにまとめられ，製紙メーカーに運ばれる。ここで直納業者が行う重要な作業は，製紙原料として利用できるように量をまとめることに加えて，製紙原料に適さないものが含まれないよう古紙品質を確保するために古紙引取りや古紙搬入時にチェックするほか，古紙梱包前に行う受け入れ古紙の選別作業である[8]。

図 7-4 は，古紙の分類及び再生産される古紙の用途を示すものであるが，一般的に，製紙原料として使われる古紙は 25 種類以上のものとして生産され，新聞用紙や段ボール原紙などさまざまな再生原紙になる。

図 7-4　古紙の用途

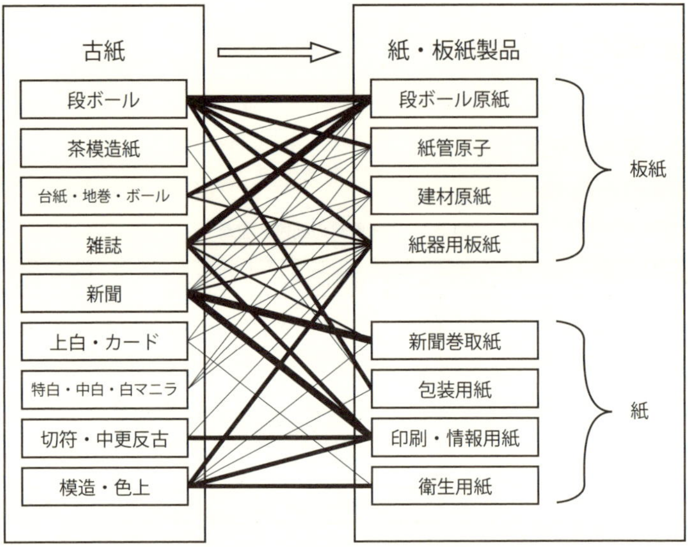

古紙
段ボール
茶模造紙
台紙・地巻・ボール
雑誌
新聞
上白・カード
特白・中白・白マニラ
切符・中更反古
模造・色上

紙・板紙製品
段ボール原紙
紙管原子
建材原紙
紙器用板紙
新聞巻取紙
包装用紙
印刷・情報用紙
衛生用紙

板紙
紙

（注）古紙と紙・板紙製品間における線の太さは，消費量の相対的大きさを示す（線が太いほど古紙消費量は大きい）。

（出所）財団法人古紙再生促進センター編『古紙ハンドブック 2010』財団法人古紙再生促進センター，2011 年，47 頁。

日本の古紙再生促進センターの定義によれば，古紙とは，通常，「製紙原料として回収されたもの」を指す。法令上は，「資源有効利用促進法」（平成 3 年 10 月 25 日施行）運用通達で，次のように定義されている。「紙，紙製品，書籍等その全部又は一部が紙である物品であって，一度使用され，又は使用されずに収集されたもの，又は廃棄されたもののうち，有用なものであって，紙の原材料として利用することができるもの（収集された後に輸入されたものを含む。）又はその可能性があるもの。ただし，紙製造事業者の工場又は事業場における製紙工程で生じるものは除く」。古紙の定義から，紙ごみと古紙は区分され，欧米でも，製紙業界・古紙業界では，「waste paper（古紙）」と「recovered paper（製紙原料として回収された紙・板紙）」と区別している[9]。

このように，紙の生産において有効利用の目的で調達される古紙は資源としての効力を持つ。すなわち生産物になり，製紙メーカーに製紙原料として調達される。参考としてではあるが，たとえば2010年の日本の場合，2,736万3,000tの紙の生産に使われた製紙原料の割合は，パルプ37.4%，古紙62.5%であった[10]。このように，新聞用紙などを含め，紙や板紙につかわれる古紙は重要な資源であるといえよう。

このような古紙原料を使用する紙パルプ産業は，実際，化学，鉄鋼業に続く，国の製造業第3位を占めるエネルギー多消費型産業のひとつである。さらに，紙パルプ産業全体において省エネルギー，省資源の取り組みが必要とされ，製紙メーカーの古紙利用技術開発も必要になる。

このように，古紙の再生利用は，製紙用原料の確保は勿論のこと，森林資源の有効利用，省資源，省エネルギー，廃棄物（ゴミ）の減量など，環境対策の観点からも重要視されるに至った背景があり，現在では循環型経済社会形成の推進に大きな役割を担っているといえよう。古紙産業および製紙産業は，家電製品のような枯渇性資源ではなく，リサイクルシステムを構築し再生資源に基づいて，環境と経済に貢献しているのである。

⑵　日本における古紙回収の現状

日本製紙連合会の統計によると，2014年の紙・板紙合計の古紙利用率は63.9%と前年から横ばいで推移した。古紙回収率は80.8%で，前年から0.4ポイント上昇した[11]。

日本では，国土面積が狭いという特徴に加え，古紙回収システムが整備されており，高い回収率を支える結果となっている。日本の利用率・回収率は世界でもトップクラスにあり，まさにリサイクル先進国と言える。

それゆえ，①製紙原料の安定的供給の確保，②省エネ，地球温暖化防止への貢献，③資源の有効利用，ゴミ減量化による循環型社会の形成，④消費者，行政，回収業者と一体となった健全な紙のリサイクルシステムの維持，などは，製紙産業だけでなく社会的な意義としても依然として重要であるといえよう。

図7-5に見るように，日本の古紙回収率は，学校やマンション等での集団回収や行政回収の定着などにより，2000年頃以降急激に上昇し，2010年には79.70%を記録している。

図 7-5　日本における古紙回収率及び古紙利用率

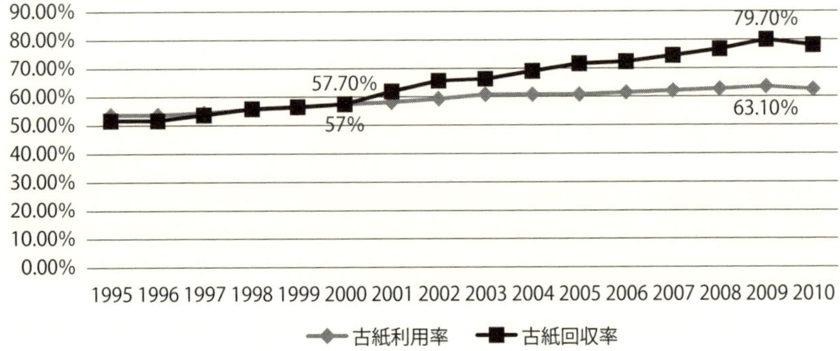

（出所）財団法人古紙再生促進センター編『古紙ハンドブック 2010』財団法人古紙再生促進センター，2011 年，47 頁。

さらに，2013 年には 80.4％に達しており，集められた古紙は，紙・板紙製品の品質要求に合わせて使い分けをしており，特に板紙や新聞用紙の分野での古紙利用が進み，2013 年の紙・板紙全体の古紙利用率[12]は 63.9％となっている[13]。

古紙消費量は 1980 年の 785 万 7,000t に対し，2014 年には 1,709 万 1,000t と 2.2 倍になっている。古紙利用率も，1980 年代以降上昇傾向にあり，1980 年の 41.5％に対し，1990 年に 51.5％と初めて 50％を超え，1999 年には 56.1％となり，その後，2003 年に 60.2％と 60％を超え，2004 年 60.4％，2005 年 60.3％と連続して 2005 年度目標値 60％を達成している。その後，2009 年 63.1％，2010 年 62.5％となり，2014 年の古紙利用率は，63.9％となっている[14]。

このような紙のリサイクルは，環境問題と深い関連性を持つ。環境問題，特にごみ対策は，極めて重要なことであり，昔から再生資源として利用されている古紙は，このごみ減量に貢献しているといえよう。扱い方によっては廃棄物となる可能性があるため，家庭，オフィス，などの協力も必要になってくる。更には，森林資源の保護，省エネルギーの観点からも，古紙を有効に効率よくリサイクルすることが重要である。

以下においては，日本の製紙メーカーにおける環境対策の事例を挙げながら，第２節において説明した自主的環境行動計画の実情と，上記で説明した古紙原料の有効活用を確認する。

5．事例研究
―日本製紙グループ社における低炭素社会実行計画と古紙原料活用の実状

日本製紙連合会の報告書によれば，製紙メーカーを含む日本の製紙業界は，現在，国内の事業活動から排出される CO_2 の削減について，2030 年度を目標とした「低炭素社会実行計画フェーズⅡ」[15]を策定している。

低炭素社会実行計画とは，低炭素社会実行計画の基本方針「省エネ，燃料転換，熱利用等高効率化技術の導入」に基づきエネルギー効率の更なる向上を図るとともに，革新的技術による低炭素製品の開発を進め他部門での排出削減による主体間連携の強化を目指すものであり，森林資源による CO_2 吸収備蓄量を増やすため，国内外の植林面積の拡大および植林地の CO_2 吸収量の増大に努めるものである。

具体的には，2005 年度を基準として，2030 年度の全国生産量を 2,719 万 t，製紙連合会 FU 対象生産量 2,390 万 t（87.9％）とするならば 2030 年度 BAU 排出量から 286 万 t-CO_2 削減することを目指すものとする。この量は一般的な省エネルギー，バイオマスや廃棄物の利用による燃料転換，高温高圧回収ボイラーへの更新の 3 本柱を想定しているが，バイオマスエネルギー高効率転換技術の実用化等が進めば更に深堀りすることは可能であろう。さらに，CO_2 吸収源としての地球温暖化防止を図る観点から，2020 年度までに所有又は管理する国内外の植林地の面積を 1990 年度比で 42.5 万 ha 増の 70 万 ha とするとともに，2030 年度までに 1990 年度比で 52.5 万 ha 増の 80 万 ha とすることを目標とすると，明示されている。その実施に当たっては，当該植林適地の CO_2 吸収量の増大を図るため，持続可能な森林経営を積極的に推進するとともに，最適な植栽樹種の選択，成長量の大きい種苗の育種開発，効果的な施肥の実施等に努めることが必要になろう。

さて，日本製紙グループ社は，上記のような計画に歩調を合わせ，以下のような内容で，環境に配慮した経営を実施している[16]。

同社における環境経営は，「環境行動計画『グリーンアクションプラン2015』における2014年度の進捗状況」[17]において以下のようにまとめられているが，そのなかでも，① 地球温暖化対策，② 森林資源の保護育成，③ 資源の循環利用，の3つを柱としている。

まず，地球温暖化対策の推進として，同社は，各工場・事業所において省エネ工事を実施し，また操業上での省エネ活動にさらに継続的に取り組むことで目標の達成を目指し，その結果，1990年度と比較し，2014年度の化石エネルギー起源CO_2排出量は約29%減，化石エネルギー使用量も約38%減と「グリーンアクションプラン2015」の目標を上回る数値を残している。

具体的な経営行動として，① バイオマスボイラーの導入に代表される燃料転換，② 製造・物流工程の省エネルギーの推進，③ 自社林の適切な管理によるCO_2吸収・固定，などを実施している。①のためには，建築廃材をはじめとするバイオマス燃料や使用済みのタイヤ，RPF[18]などの廃棄物燃料を燃焼できるボイラーや高効率ボイラーの導入を進め，2009年度までに国内で10基を稼働している。また，②のためには，モーダルシフト[19]に代表される「積載効率の向上」「輸送距離の短縮」を2つの柱として，CO_2の排出削減を目的とした環境負荷の低いグリーン物流に取り組んでいる。同社の洋紙部門のモーダルシフト化率は，2015年において国内および製紙業界平均を大きく超え，89%となっており，この取り組みは大きく評価できよう。そして，③のためには，日本国内の30道府県に9万ha，海外4カ国に11.4万ha，合わせて20.4万haの森林を管理している。これらの森林の適切な管理により，CO_2を吸収・固定する能力を維持し，国内外の自社林に約3,400万tのCO_2を継続的に固定することで地球温暖化防止に貢献している。

木の中に炭素として固定されたCO_2は，木が建材や紙などに加工された後も維持されるため，森林や木材由来の製品には，大気中のCO_2濃度を増加させない機能がある。従って，木材由来の製品の利用や古紙のリサイクルに積極的に取り組むことは，CO_2をできるだけ長期にわたって製品に固定し，大気中のCO_2濃度の上昇を抑えることに貢献することになる。さらに，木材由来の製品は，建材などの素材としての役割を終えた後も，大気中のCO_2濃度を増加させないカーボンニュートラルなバイオマス燃料として利用できることも環境対策には重要なことになろう。

そして，2つ目の柱である，森林資源の保護育成の推進である。森林資源の保護は主に，① 合法性と透明性を重視した原材料調達の実践，② 国内木質資源の保護，育成，という対策からなる環境経営ということができる。①のために同社は，持続可能な原材料調達を進めており，木質資源調達においては合法性の確認に加え「持続可能であること」「木材の出所が明らかであること」，そしてそれらについて「きちんと説明できること」を重視している。外部からの購入においては，環境と社会へ配慮した原材料を購入するためのサプライチェーン・マネジメントを強化して，信頼できる調達体制の構築に努めており，同時に適切な原材料調達がきちんと行われていることを確認する指標として，第三者認証である「森林認証制度」を活用している。さらに，自社林からの調達においては，海外植林事業を推進して植林木の調達を増やすとともに，国内外の自社林で森林認証を取得することにより，持続可能な森林経営を実践している。そして，違法伐採材の排除を徹底することで，環境と社会に配慮した調達を進めている。同社は，「原材料調達に関する理念と基本方針」に基づいて木材の合法性確認や人権，労働および地域社会，生物多様性保全への配慮を含むCSR調達を実践していくために，アクションプランを制定・実行している。このアクションプランは，海外材についてはトレーサビリティの充実，国産材については合法性証明に関する事業者団体認定の推進を柱としている。同社は，調達方針に沿った木質原材料調達を実践できているかについて，毎年の森林認証審査や日本製紙連合会での「違法伐採対策モニタリング事業」のモニタリングにおいて，自らの取り組みを第三者意見の客観的な視点で評価してもらい，そこで得られた提言について前向きに取り組んでいる[20]。

さらに，国内木質資源の保護，育成という環境経営のためには，社有林における持続可能な森林経営の実践，積極的な国産材の活用による森林の荒廃防止に努めている。国内社有林の整備において，同社は，下刈りや間伐の実施など国内社有林の維持・管理に年間約7億円を費やしており，国内の木材を利用することで，森林の生態系保全や水源涵養など多面的な機能を十分に発揮できる，バランスの取れた持続可能な森林経営に努めている。また，製紙原料における国産材比率の向上という取組みにおいて国内森林の荒廃防止に努めているが，2014年度の利用率は37.4%となっている[21]。その具体的な事例として，九州の間伐材を利用したコピー用紙を販売の例が挙げられる。

同社では，九州の間伐材を利用した「木になる紙コピー用紙」を販売しており，同製品は，九州森林管理局，九州・沖縄8県の県庁，製紙会社，紙の流通会社などで構成する「国民が支える森林づくり運動」推進協議会が，2009年から展開するものである。間伐材を原料の一部に利用した製品を販売し，売上の一部を森林所有者に還元。森林整備の推進，林業・山村の活性化，地球温暖化防止への貢献を目指している[22]。

最後に，3つ目として，資源の循環利用の推進であるが，同社の主要製品は紙製品であり，その原材料の56%を古紙が占めている。残る44%が，主にパルプをつくるための木材チップなど木質資源である。古紙の回収は，ゴミ減量を目的とする行政施策としてのみならず，資源の再利用策としても位置付けられよう。日本の製紙業にとっても，古紙は原材料の6割以上を占める不可欠な資源となっている。こうした現状をふまえて，同社は，安定的な調達体制を維持して，古紙のリサイクルを推進している。

古紙利用の前提となる古紙の回収は，紙を使う消費者の協力が必要であるため，同社は，一般消費者や業界団体との協力のもと，古紙回収に向けた取り組みを進めている。同社は特に，これまであまり利用されてこなかった機密書類などの活用を進めると同時に，古紙からつくるパルプの品質向上に努め，古紙パルプが使用できる製品品目の拡大に取り組んでいる。

同社における2014年度の古紙利用率は，洋紙で38.2%，板紙で92.3%となっている。このような古紙利用率の向上と同様に，古紙回収システムの構築も，資源の有効な活用にはなくてはならない。その古紙回収システムの構築の例を1つあげてみよう[23]。

同社の吉永工場では，都市型資源リサイクル工場を目指し，省資源の推進のひとつとして，工場構外2カ所に大型の古紙リサイクルステーションを設置している。古紙回収は決められた日時・場所に出す必要があるが，24時間の持ち込みを可能とすることで，近隣の生活者から「いつでも出せるので，ストックした古紙が邪魔で困ることがなくなった」と好評であるという。また，一関市周辺の小・中規模事業者や住民を対象に，自由に古紙を持ち込めるように工場内に古紙置場「紙源のカゴ」を設置し，段ボールや古雑誌などを受け入れている。そして，札幌市は，2009年7月から「ごみの有料化」を開始すると同時に，家庭ごみの排出削減と資源の有効利用を目的に，従来燃えるごみとして排出されていた「雑がみ」の収集を始めている。「雑がみ」は製紙原料に不向きな紙が多く，選別に非常に手間がかかるという。しかし，同社の北海道工場では，札幌市製紙原料事業協同組合（札紙協）と協力し，洋紙向けの品質基準を満たす雑がみの選別体系を構築しており，これによって，古紙の用途拡大に成功している。

これらの古紙回収の事例において大事なことは，一関市においてはその古紙回収の収益金を，市の歳末助け合い募金として地域に還元していること，そして，札幌の事例においては，従来，ごみとして廃棄されていたものを有価物の古紙原料に転換させたことである。このような廃棄物の有価物化は，国内の古紙回収を進展させ，持続可能な資源調達システムの構築に一助になるといえよう。

以上，製紙産業における環境保護への取り組みについて，製紙メーカーの事例をあげながら説明した。これらの事例は，以下の表7-5の進捗状況としてまとめられる。

地球環境保護のために森林保護の問題はますます重要になっていくであろう。その中で将来の紙原料を確保し，紙の安定供給のために地球に優しい産業として，公害対策はもちろん，温暖化防止など地球規模の環境対応とした森林の育成，古紙再生化，省資源化，などを今後とも積極的に，かつ強力に進める必要がある。

6．むすびにかえて

「紙」は，消費者の生活の中で身近に存在しており，世の中の文化発展と市場対応のためにこれまでに果たしてきた役割は大きいといえよう。紙生産が伸びる中で自国に豊富な資源を持たない日本の製紙産業はその原料の確保に奔走してきた。現在の製紙原料は，古紙，パルプ，そしてその他繊維原料の順に使

表 7-5　日本製紙グループにおける「グリーンアクションプラン 2015」の進捗状況

	グリーンアクションプラン 2015	進捗状況
1. 地球温暖化対策	化石エネルギー起源 CO_2 排出量を 1990 年度比で 25% 削減する。	・紙・板紙部門の生産量減少の影響を受けてはいるが，省エネ活動，燃料転換を推進した結果，1990 年度比で化石エネルギー起源 CO_2 排出量は 28.7%，化石エネルギー使用量は 38.4% の削減となった。
	化石エネルギー使用量を 1990 年度比で 30% 削減する。	
	物流で発生する CO_2 排出の削減に取り組む。	・高効率な輸送法であるモーダルシフト化に取り組んだ結果，日本製紙（株）の洋紙部門では，引き続き国内平均を大きく上回るモーダルシフト化率 89% を達成した。 ・製品の鉄道輸送の復路便を古紙輸送に利用し，省エネによる CO_2 排出量を削減する取り組みが，評価される。
2. 森林資源の保護育成	持続可能な資源調達のため海外植林事業「Tree Farm 構想」を推進し，海外植林面積 20 万 ha を目指す。	・2014 年末時点の海外植林事業の植林済み面積は，11.4 万 ha。 ・今後は，エネルギー事業向けの植林も含め，AMCEL 社の植林可能地 13 万 ha（残り 7 万 ha）を最大限活かせる事業展開を組み立てる。
	国内外全ての自社林において森林認証の維持継続する。	・国内外全ての自社林で森林認証（SGEC，FSC®，PEFC）を維持継続中。 ・AMCEL 社は FSC®-FM 認証に加え，2014 年 9 月に PEFC 相互認証 CERFLOR の FM 認証を取得した。
	輸入広葉樹チップの全てを，PEFC または FSC ®材とする。	・2013 年度に引き続き，2014 年度の引取量も 100% を達成した。
	トレーサビリティを充実させ，持続可能な森林資源調達を推進する。	・輸入材のリスク評価について，2014 年度実績は PEFC ルールで 100%，FSC® ルールで 82% が基準をクリア。
3. 資源の循環利用	洋紙の古紙利用率を 40% 以上，板紙の古紙利用率を 88% 以上とする。	・積極的な古紙利用に取り組んだ結果，洋紙の古紙利用率は 38.2%，板紙の古紙利用率は 92.3% となった。
	廃棄物の再資源化率を 97% 以上とする。	・燃焼灰の造粒など，廃棄物の有効利用を推進した結果，廃棄物の総発生量に対する再資源化率は 98.2%，事業所内での再資源化率は 27.9% となった。
	廃棄物発生量の 40% 以上を事業所内で再資源化する。	
	製造プロセスにおける水使用量の削減に取り組む。	・水のマテリアルバランスを把握し，節水に努めている。

（出所）日本製紙グループ『CSR 報告書 2015』日本製紙グループ，2016 年，31 頁。

われており，古紙の割合が最も大きくなっている。

世界的にも環境保護がさけばれる中，製紙産業の原料調達において古紙は今後重要性を増していくであろう。また，原料木材調達が外材化し，輸入先も変化・多角化している今，原料木材の確保が紙生産における一番の課題になろう。

第2節で述べたように，製紙メーカーが製紙原料として木材を使用しているため，製紙産業は，森林を破壊する産業として認識されがちである。しかし，製紙産業は森林を破壊する産業ではなく，古紙の再生や利用率において世界のトップクラスで位置しているように，むしろ環境に優しい節約・リサイクル型の産業であるといえる。資源保護および再生化は一時的なものではなく，上記の事例のように，長期的な方針の下で実行されなければならない。それは，企業における市場環境との接点からだけでなく，社会環境との接点において，非常に重要なことになろう。

企業の環境問題への取り組みは，中長期的な競争力に直結する重要な要因として考えるべきである。製紙産業における，生産設備等におけるイノベーション，リサイクル原料の利用といった，環境問題への中長期的な取り組みは，企業全体の経営戦略の枠組みで捉え，企業競争力の原動力に繋げていくべきであろう。

なぜなら，環境問題と高業績や企業価値の向上の関係を考える際には，環境対策それ自体が，直接的な原因となって企業の競争力や高業績につながるという単純なものではなく，環境対策を行う過程や，取り組みの結果生じるさまざまな要因が，通常の経営活動上におけるプラスのシナジー効果を生み，それが，総合的，結果的に競争力や高業績につながると考えるからである。

［注］

1　『朝日新聞』2008年1月18日付，朝刊，2頁，総合2面。

2　製紙連合会ホームページ（www.jpa.gr.jp/states/global-view/index.html），2015年11月22日アクセス。

3　資源の有効な利用の促進に関する法律（平成三年四月二十六日法律第四十八号），最終改正：平成二六年六月一三日法律第六九号，総則。

4　日本製紙連合会「日本製紙連合会『環境に関する自主行動計画』」2008年5月20日。

5　日本製紙連合会「日本製紙連合会『環境行動計画』」2012年5月20日。

6　日本製紙連合会「2015年度「低炭素社会実行計画（温暖化対策）」フォローアップ調査結果（2014

年度実績)」2015年9月24日。調査対象は，国内の製紙会社36社103工場・事業所であり，紙・板紙の生産シェアは対象会社合計の98.6%，全製紙会社合計の87.9%を占める。調査年度は，1990年度～2014年度の25年間であり，調査項目としては，①工場別燃料・購入電力の消費量，②工場別 紙・板紙・パルプ生産量，③2014年度化石エネルギー原単位の改善・悪化理由，④2014年度に実施した省エネルギー投資および燃料転換投資，などである。

7　BAUとは，特段の対策のない自然体ケース（Business as usual）に較べての効果をいう概念。

8　古紙再生促進センター『日本の紙リサイクル』古紙再生促進センター，2015年8月，3頁。

9　財団法人古紙再生促進センター編『古紙ハンドブック2010』財団法人古紙再生促進センター，2011年，1頁。

10　同上書，29頁。

11　古紙再生促進センター，前掲書，5頁。

12　「古紙利用率」とは，「古紙消費量」÷「製紙用繊維原料合計消費量」で求めており，製紙用繊維原料全体に占める古紙の割合を示している。

13　古紙再生促進センター，前掲書，6頁。

14　同上書，8頁。

15　日本製紙連合会「製紙業界の『低炭素社会実行計画フェーズII』」2014年12月22日，日本製紙連合会。

16　日本製紙社の事例は，主に，本製紙グループ『CSR報告書2015』日本製紙グループ，2016年，を参考にしている。

17　日本製紙グループ『CSR報告書2015』日本製紙グループ，2016年，31頁。

18　RPFとは，「Refuse Paper & Plastic Fuel」の略であり，廃プラスチック類を主原料とした高品位の固形燃料です。発熱量は石炭並みで，かつ，ハンドリングや貯蔵性にも優れているだけでなく，経済性およびCO_2削減効果の面でもメリットがあり，化石燃料代替として有効な燃料である。

19　モーダルシフト（modal shift）とは，貨物や人の輸送手段の転換を図ること。具体的には，自動車や航空機による輸送を鉄道や船舶による輸送で代替すること。

20　日本製紙グループ『CSR報告書2015』日本製紙グループ，2016年，24頁。

21　同上書，26頁。

22　同上書，27頁。

23　日本製グループホームページ（www.nipponpapergroup.com/csr/relationship/activity/cutting/），2016年1月7日アクセス。

Column：静脈産業としての製紙産業の課題

レンゴー社のホームページには，次のような古紙原料利用に関する企業努力の一例が書かれている。「製紙工程で，例えば段ボール古紙100トンを，パルパーと呼ばれる，古紙を溶解し紙の原料をつくる設備に入れると，最終的に何トンの紙が出てくるものでしょうか。板紙を1トン製造するには水を5，6トン使用します。水で紙の繊維原料を流しながら紙を抄いていくのです。30年ほど前まではこのyieldは90を超えていませんでした。つまり100トンの原料を入れて出来上がってくる紙は90トン弱ということであり，あとの原料は水と一緒に流れてしまったということです。しかし，改良を重ねることで今は96トン程度の紙ができるようになっています。つまり，歩留まりは96％であり，現在もさらにこの歩留まりを向上させるための研究を行っています。段ボールも同じです。段ボールを作るのに100トンの紙を使って段ボールケースがどれぐらいできるものかトン換算すると，現在90トン弱であり，約10トンがロスとなってしまっているのです。これを10％未満とするようにこれも社内で研究を進めています。原料を仕入れて，板紙や段ボールを作って，ユーザーに届けるまでの流れを動脈産業，使われた古紙が再び回収され，製紙工場の原料として戻ってくる流れを静脈産業といいます。それぞれを担う製紙，段ボール，古紙の3つの業界を一体と考え，三位一体での経営を考えなければならない」注。

一般的に，自然から採取した資源を加工して有用な財を生産する諸産業を，動物の循環系になぞらえて動脈産業というのに対して，これらの産業が排出した不要物や使い捨てられた製品を集めて，それを社会や自然の物質循環過程に再投入するための事業を行っている産業を，静脈産業と呼んでいる。広い意味としては，環境ビジネス（environmental business）やリサイクル産業（recycling industry）全体を指して使われることもあるが，代表的な静脈産業としては，リサイクル産業，なかんずく本章の内容に則していうならば，製紙産業も静脈産業として位置付けることができる。

原料調達から製造まで一連のビジネスシステムとして効率化が図られてきた動脈産業とは異なり，これらの静脈産業においては，それぞれの過程で新たな課題を抱えているが，製紙産業の関連からいうと以下のことが指摘できる。

製紙産業の場合，製紙原料として古紙が利用されているが，それは，有価物として使用済み製品等が再生資源として利用されているものとして分類することができる。これらの再生資源の場合，高純度の資源ベースから効率的に原料を抽出する動脈産業の原料調達とは異なり，社会に拡散された使用済み製品等の資源・部品の回収は一般にコスト増要因となるほか，排出源及び排出量が不安定であり，予測が困難であるためにリスクの増加を招く。

資源回収におけるこれらのリスクや課題に解決すべく，地域における産業集積の活用や，自治体・住民の協力など，地域の取組という視点が必要であるが，より大事なのは，ビジネスとしてのリサイクルを成立させるための企業の努力が必要になる。すなわち，製紙メーカーにおける古紙原料利用にかかわる必要な技術開発課題を抽出することにより，有意義な企業戦略を講じていくことが必要といえよう。

注　レンゴー社ホームページ（http://www.rengo.co.jp/society/lectures6_2.html，2016年12月20日アクセス）。

第8章
金融業における環境経営とイノベーション

キーワード：環境配慮型融資，SRI，環境リスク

1．はじめに

本章で検討するのは，金融業における環境経営とイノベーションである。製造業と比較して，金融業における環境経営やイノベーションはイメージしづらいものかもしれない。製造業，たとえば自動車業界をみても，エコカーのように環境負荷の小さい製品を開発したり，生産現場の工場で廃棄物を減らしたりといった活動は，比較的イメージしやすいだろう。

これに対して，金融業が扱っている住宅ローンや医療保険，証券パッケージといった商品を提供する活動が，環境保護・保全やイノベーションにどのように結びついているのか，分かりにくいところがあるかもしれない。しかしながら，金融業においても，製造業と同じように環境に配慮した商品を提供したり，業務の現場で環境負荷を減らす取り組みをしたりしている。本章では，こうした活動を行う金融業の事例を検討する。

次節では，まず，金融と環境問題の関わりについて歴史的に整理し，賠償としての金融機能から，金融機関の環境責任，環境リスク管理，そして環境投融資へと変わってきたことを明らかにする。その上で，第3節では，近年の日本における金融機関の環境対策の概略を整理し，業界によって差異がみられることを示す。第4節では，そうした差異のみられる金融機関の環境対策について，融資業務，投資業務，補償業務の3つに区別し，具体的な事例を紹介する。最後に，第5節は，本章のまとめである。

2．金融と環境問題の歴史的展開

⑴　賠償としての金融

金融と環境問題との関わりは比較的古くからある。たとえば，日本における公害事件の原点とされる栃木・足尾鉱毒事件において，帝国議会で田中正造が問題を指摘した1891年以降，銅の精錬で鉱毒を流出させた古川鉱業（当時，以下同）が，被害農民に対して示談金を支払うことで鉱毒被害の請求権を放棄させようとしたと記録されているし，戦前から戦後にかけて発生した4大公害病・事件においても，賠償金や補償金のかたちで問題の解決が図られている[1]。こうした公害への対応は欧米においても同様で，17世紀の産業革命以来，自然環境汚染の被害に対しては，金銭的な処理によってカバーされてきた[2]。

示談金や賠償金，補償金といった方法は，環境破壊・環境汚染に対して金銭的に補償しようとするものであり，責任の所在は汚染を引き起こした当事者であって（汚染者負担原則，Polluter Pays Principle：PPP），金融機関の責任を問うものではなかった。しかし，1970年前後から流れが変わり始める。アメリカにおける公民権運動やベトナム戦争への反戦運動，安全問題の責任追求の流れの中で，公害問題・環境問題に対する金融機関の対応が問われたのである。その端緒は，アスベスト問題とラブ・カナル事件であった。

⑵　金融機関の環境責任

アスベストは，耐熱・耐火材や絶縁体に広く使われていた素材である。しかし，発がん性があったため，アメリカでは1930年代からアスベストによる労働災害が起きていた。アスベスト製造・取り扱い業者は，1940年代にはその有害性に気づいていたとされるが，労働者にそれを十分に知らせなかったために，被害が拡大した。また，癌の発症がアスベストの吸引から20〜50年後となる例が多く，労働者の退職後や事業所の閉鎖後となることもあるため，被害者への損害賠償が容易でない状況があった[3]。

アメリカの最初のアスベスト訴訟は，1969年のクラレンス・ボレル（Clarence Borel）事件である。この事件は，アスベスト入り断熱材製造作業に従事したボレル氏が石綿肺症になり，断熱材製造業者など11社を相手取って損害賠償を求めたものである。1973年の判決では，被告企業の過失の有無を問わない厳格責任（無過失責任）が認められ，被告企業は賠償金を保険金で支払おうとした。しかし，保険会社側が保険の免責条項であるとして支払いを拒否したことから，被告企業と保険会社の間で訴訟となった。保険会社側は，これは突発的な事故による有害物質の漏洩であり，免責条項にあたると主張したが，後にカリフォルニア州で出された判決（1993年）では，建設資材の通常の製造・使用であり，免責には該当しないとして，保険金の支払いが求められた[4]。すなわち，保険会社においても契約の際に環境や健康面でのリスクを評価し，対応しなければならないとされたのである。

また，1940～50年代，アメリカのフッカー・ケミカル・アンド・プラスティック社（The Hooker Chemical & Plastics Corp.）が，製造工程で発生した有害な化学廃棄物を，ニューヨーク州ラブ・カナル（Love Canal）の旧運河に投棄・埋め立てを行っていた。後に，このラブ・カナル地域が住宅地域として開発され，小学校や住宅が建設されたことから，この地域で小児癌や不妊流産などの健康被害が多発することになった。調査の結果，80種類を超える有害化学物質が検出されたため，ニューヨーク州が政府の緊急財政支援を受けて土地の買い上げを行い，ジミー・カーター（Jimmy Carter）大統領が非常事態宣言を発令して，住民の移転と浄化対策が行われた[5]。いわゆる，ラブ・カナル事件である。

この事件の原因となった有害化学廃棄物は，それが投棄された当時には適法な許可に基づいて埋め立てられていたものであるため，投棄した企業の責任を問うことは難しかった。しかし，同様の土壌汚染が全米各地に存在することが明らかとなったことから，1980年，アメリカで「包括的環境対処補償責任法（Comprehensive Environmental Response, Compensation, and Liability Act：CERCLA)」が制定された。通称，スーパーファンド法と呼ばれるこの法律は，汚染地の浄化費用を供給するファンド（信託基金）を設立し，迅速な処理を進めようとするものである。ファンドの財源は，石油・同製品の製造業者や輸入業者への課税に加え，1986年に「スーパーファンド改正・再授権法（Superfund Amendment and Reauthorization Act：SARA)」に改正されると，課税最低所得が200万ドルを超える企業への環境税課税や，一般財源からの拠出も加えられることになった[6]。

スーパーファンド法では，有害物質の許容限度や汚染調査の手続き，調査結果の開示，汚染除去の方法，浄化措置命令の発動条件などが詳細に決められるとともに，ファンドへの資金の拠出を通じて，浄化費用を負担しなければならない当事者が定められた。それは「潜在的責任当事者（Potential Responsible Party：PRP)」と呼ばれ，① 汚染施設や汚染地の所有者・管理者，② 有害物質を処分した当時の施設や土地の所有者，③ 有害物質の処理を依頼した者，そして，有害物質の運搬に携わった者が含まれる[7]。

また，1984年にアメリカ環境保護庁（Environmental Protection Agency：EPA）は，染め物会社のPSW社の破産管理プロセスにおいて，同社の工場敷地内で起きた汚染除去費用を，PSW社の株主と同社に融資をしていたフリート・ファクターズ社（Fleet Factors Corp.）とに請求する訴訟を提起した。この訴訟では，担保権者除外規定の適用が争点となり，フリート社は，金融機関が融資回収の一環として担保権を執行する場合は，経営参加が目的ではないため，除外規定が適用されると主張した。しかし，控訴審において，フリート社は除外規定の範囲外であり，有害物質処分時の運営責任があると指摘された[8]。

こうして，スーパーファンド法とその後の判例により，汚染の直接的な原因となる有害物質を発生させた者だけではなく，汚染が発覚した時点での汚染施設の所有者や管理者，処理を委託した者や運搬・廃棄した者，親会社となる不動産開発会社，融資を行う金融機関に対しても，有害物質の除去費用について連帯責任が課されることになった。すなわち，責任者の範囲が，PPPから金融機関を含むPRPへと拡大したのである[9]。

(3)　担保不動産の環境リスク管理

スーパーファンド法において金融機関に責任が課せられるのは，融資の際の担保不動産に汚染の問題が発生するからである。担保不動産が汚染されていた場合，その不動産の評価価値が下がるため，金融機関にとっては追加の担保を徴求するか，金利引き上げなどの措置をとる必要がある。また，フリート事件のように融資先が倒産した場合には，金融機関は担保権を行使して担保物権を保有することになるが，その際に当該の不動産に汚染があれば，金融機関に汚染浄化の責任などが追及されることになる。

実際に，アメリカでは1980年代以降，金融機関の環境リスクが顕在化した。たとえば，1980年代に住宅金融専門の住宅貯蓄貸付組合の経営危機が生じたが，その原因の1つに，担保不動産の汚染浄化負担があった。倒産したガソリンスタンド用地を担保取得する際，地下に設置したガソリンタンクから油が漏出し，その浄化費用を住宅貯蓄貸付組合が負担しなければならなくなったのである。また，2000年代には，JPモルガンチェースバンク社保有の不動産を借りていた木材加工業者が土壌汚染を引き起こした。この木材加工業者には浄化費用を負担する能力がなかったため，リース元である金融機関に費用負担が求められ，JPモルガンチェースバンクはEPAに120万ドルを支払ったとされている[10]。

こうして，環境リスクが金融機関の財務に重大な影響を及ぼすようになったことを受け，国際決済銀行（Bank for International Settlements：BIS）では，2004年に公表した規制（バーゼルⅡ，いわゆる新BIS規制）に担保の環境リスク評価を銀行に求める規定を盛り込んだ。具体的には，① 不動産に有害物質が存在するような担保に伴う環境債務リスクを適切にモニタリングすること，② 融資契約，環境規制，法的要請などの変化の定期的なチェック，③ 最低年1回のペースでの担保価値監査を実施すること，などである[11]。

BIS規制の趣旨は，銀行の健全性を確保することにあり，環境問題の解決が主眼にあるわけではない。しかし，BIS規制において担保物件に対する評価が定められたことにより，金融機関は投融資先に対して，環境リスクの開示を求めるようになり，投融資を受ける側の企業に対する圧力として作用することになったのである。

(4) 環境投融資

以上のような環境と金融機関の関わり方は，リスク回避という側面が強い。これに対して，より積極的に環境問題に取り組もうとする動きもみられる。

その端緒もまた，1970年代である。この時代は，アメリカだけでなく，欧州でも公害が社会問題化した時代であるとともに，環境問題一般が大きく取りざたされた時代でもあった。1972年にローマクラブが『成長の限界』（*Our Common Future*）を発表し，同年6月には，「国連人間環境会議（United Nations Conference on the Human Environment）」が開催された。この会議には世界の113カ国が参加し，「人間環境宣言（Declaration of the United Nations Conference on the Human Environment）」と「環境国際行動計画（Action Plan for the Human Environment）」が採択されるとともに，その実施機関として「国連環境計画（United Nations Environment Programme：UNEP）」が設立されている。

こうした中で，環境配慮型の融資を行う銀行（オルタナティブ・バンク[12]）が設立されるようになった。アメリカでは，1973年にシカゴでサウス・ショアバンク（the South Shore Bank，2000年にショア・バンクに改称，2010年に破綻）が設立された。この銀行は地域の再開発に重点を置くが，環境保護専門の子銀行であるショアバンク・パシフィックや国際的なマイクロファイナンス支援の子会社を設立している（コラム参照）[13]。

ヨーロッパでも，1974年に旧西ドイツにおいて，持続的な社会の発展に貢献することを理念とする世界初の銀行としてGLS銀行が設立された。また，オランダのトリオドス銀行（Triodos Bank，1980年）やイギリスのエコロジー・ビルディング・ソサエティ（Ecology Building Society，1981年）など，環境問題の解決に取り組む銀行が相次いで設立された。トリオドス銀行は，環境問題に取り組むNPOや環境配慮事業を展開する事業家に資金を供給する事業を行っていたトリオドス財団（1971年設立）を母体に，銀行として設立されたものである。また，エコロジー・ビルディング・ソサエティは，エコハウスや環境・景観に配慮した住宅への融資を専門とする金融機関である[14]。

こうして，オルタナティブ・バンクが欧米で設立され始め，環境に配慮した融資が拡大するのに並行して，「社会的責任投資（Socially Responsible Investment：SRI）」においても環境面が重視されるようになった。SRIは，1920年代のアメリカでキリスト教教会が資産を運用する際に，タバコやアルコール，ギャンブルといった，教義に反する業種を投資対象から除外していたのがその始まりであるとされる。その後，1960年代前後のベトナム反戦運動や反アパルトヘイトを背景に，大学の基金や労働組合，公務員年金基金などが，軍需産業や南アフリカ関連の企業の株を売却するようになった。そして，1971年，平和や住宅問題，労働問題，環境問題などに取り組むアメリカ初のSRIミューチュアルファンド，PAX World Fundが立ち上げられた。このSRIの動きは1980年代には欧州にも広がっていき，イギリスでも初の倫理ファンドが1984年に開始されている[15]。

1990年代に入り，「環境と開発に関する国際連合会議（United Nations Conference on Environment and Development)」の開催などにより世界的に地球環境問題への関心が高まるにつれて，環境に特化したSRIも生まれた。1994年に，スイスのサラシン銀行（Bank Sarasin）が環境効率（eco-efficiency）によって企業を評価するファンドを設定した。また，1996年にノルウェー大学の保険会社ストアブランド（Storebrand）が，資源効率性を評価軸に加えたファンドを，1997年には，スイスのUBSが株式投信エコパフォーマンスを発売した。日本においても，1999年に環境への取り組みに対する評価を加えた「エコファンド」が日興證券（現，SMBC日興證券）から発売されている[16]。

(5) 国連の責任投資原則

さらに近年では，国際機関が金融機関に対して環境に配慮した取り組みを求めるようになっている。その代表的な例は，国連の「責任投資原則（Priciples for Responsible Investment：PRI)」である。2006年4月，国連のコフィー・アナン（Kofi Annan）事務総長が，ニューヨーク証券取引所を訪れ，金融に関する新しいイニシアティブとしてPRIを開始することを内外にアピールした。アナン事務総長が提唱したイニシアティブとしては，1999年1月の世界経済フォーラムで提唱された「国連グローバル・コンパクト（The United Nations Global Compact：UNGC)」が有名であるが，PRIは，このUNGCとUNEPの金融イニシアティブ（UNEP FI）が推進するものである。

UNGCは，企業に対して人権や労働権，環境，腐敗防止の4分野10原則を順守し，実践するよう求めているが，PRIにおいても，機関投資家の意思決定プロセスに，環境（Environment：E），社会（Social：S），企業統治（Governance：G）の側面を受託者責任の範囲内で反映させるべきだとし，投資分析と意思決定のプロセスにESGの課題を組み込むことや，株式所有方針にESG問題を組み入れ，活動的な所有者になることといった，6つの原則を順守・実践することが求められている。2016年9月末現在，PRIには，世界で1567，日本で50の金融機関などが署名しており，年々増加している[17]。

これまでみてきたように，金融機関と環境の関わりは，当初の賠償から金融機関の環境責任，環境リスク対策，そして，環境投融資へと拡大してきた。PRIの広がりは，そうした金融機関に求められる役割が広く認知されつつあること，またそれに応える金融機関も増え続けていることを示しているといえるだろう。

3．日本の金融業における環境対策の概観

それでは，現在の日本における金融機関の環境対策はどうなっているのであろうか。その概略を知る上では，金融庁が2006年と2009年に行った「金融機関のCSR実態調査」が有用である。まず，表8-1に示されているのは，調査対象金融機関でアンケートに回答した企業のうち，CSRを重視した取り組みを行っている企業，および特に環境に留意した取り組みを行っている企業の数と割合である。この表から分かるように，環境に特に配慮している企業の割合は，銀行に代表される預金取扱金融機関が高く（75.7％），次いで保険会社（66.3％），証券会社等（42.7％）の順となっている。それぞれの内訳をみると，預金取扱金融機関の中でも都市銀行5行を含む「主要行等」と地域銀行については，環境に留意した取り組みの実施率が100％と突出しており，また，証券会社等の区分では，証券会社の実施率が高くなっている。

また，同調査では，CSR専門の担当組織・機関の有無や情報公開についての調査も行われている。まず，専門組織・機関の有無についてみてみると，貸金業者を除いた調査全体では，2006年の13.2％から2009年には14.6％に増加

している。内訳をみると，主要行等が最も高く（90.9%），次いで，地域銀行（30.6%），その他銀行（23.5%），保険会社（21.7%）と続き，証券会社は比較的低くなっている（9.8%）。また，CSR に係る情報公開の有無についても，主要行等と地域銀行が 100%と最も高く，次いで，信金・信組・労金（98.7%），保険会社（90.4%）と続き，証券会社は比較的低い（42.9%）。

表 8-1　日本の金融機関における環境対策の実施状況

	実施年	アンケートを実施した金融機関 (a)	回答金融機関 (b)	回答率 (b / a)	CSR を重視した取組を行っている (c)	実施率 (c / b)	特に環境に留意した取組を行っている (d)	実施率 (d / b)
預金取扱金融機関	2009年	663	645	97.3%	558	86.5%	488	75.7%
	2006年	670	663	99.0%	518	78.1%	–	–
主要行等	2009年	11	11	100.0%	11	100.0%	11	100.0%
	2006年	11	11	100.0%	11	100.0%	–	–
地域銀行	2009年	108	108	100.0%	108	100.0%	108	100.0%
	2006年	111	111	100.0%	109	98.2%	–	–
信金・信組・労金	2009年	458	458	100.0%	386	84.3%	325	71.0%
	2006年	483	481	99.6%	361	75.1%	–	–
その他銀行	2009年	86	68	79.1%	53	77.9%	44	64.7%
	2006年	65	60	92.3%	37	61.7%	–	–
保険会社	2009年	93	92	98.9%	73	79.3%	61	66.3%
	2006年	81	81	100.0%	64	79.0%	–	–
証券会社等	2009年	643	606	94.2%	336	55.4%	259	42.7%
	2006年	483	473	97.9%	228	48.2%	–	–
証券会社	2009年	310	276	89.0%	170	61.6%	139	50.4%
	2006年	283	274	96.8%	131	47.8%	–	–
投信・投資顧問	2009年	250	247	98.8%	132	53.4%	97	39.3%
	2006年	166	165	99.4%	82	49.7%	–	–
金先業者	2009年	83	83	100.0%	34	41.0%	23	27.7%
	2006年	34	34	100.0%	15	44.1%	–	–
小計	2009年	1,399	1,343	96.0%	967	72.0%	808	60.2%
	2006年	1,234	1,217	98.6%	810	66.6%	–	–
貸金業者	2009年	3,253	1,414	43.5%	310	21.9%	226	16.0%
合計	2009年	4,652	2,757	59.3%	1,277	46.3%	1,034	37.5%

（注）主要行等は，都市銀行 5 行の他に，住友信託銀行，中央三井トラスト・ホールディングス（当時），みずほ信託銀行，三菱 UFJ 信託銀行，新生銀行，あおぞら銀行が含まれる。また，信金・信組・労金はそれぞれ，信用金庫・信用組合・労働金庫の略称である。同様に，投信は投資信託委託業者，金先業者は金融先物取引業者を指している。なお，貸金業者は，日本貸金業協会に加盟している貸金業者が対象となっている。

（出所）金融庁「金融機関の CSR 調査結果の概要」2009 年，2 頁より一部修正して掲載。

表 8-2　日本の金融機関における CSR を重視した取組を行う主な理由（主なものを 1 つ選択）

	実施年	株主価値の向上・市場での資金調達に有利	一般へのイメージアップ	社会的リスクの回避・軽減	地域との共存共栄	取り扱う事業の公共性に鑑みて	その他
預金取扱金融機関	2009年	1 (0.2%)	62 (11.1%)	8 (1.4%)	406 (72.8%)	54 (9.7%)	27 (4.8%)
	2006年	2 (0.4%)	21 (4.1%)	11 (2.1%)	415 (80.1%)	37 (7.1%)	29 (5.6%)
主要行等	2009年	0 (0.0%)	0 (0.0%)	0 (0.0%)	3 (27.3%)	3 (27.3%)	5 (45.5%)
	2006年	0 (0.0%)	0 (0.0%)	0 (0.0%)	2 (18.2%)	2 (18.2%)	7 (63.6%)
地域銀行	2009年	0 (0.0%)	8 (7.4%)	0 (0.0%)	92 (85.2%)	6 (5.6%)	2 (1.9%)
	2006年	0 (0.0%)	4 (3.7%)	0 (0.0%)	99 (90.8%)	3 (2.8%)	3 (2.8%)
信金・信組・労金	2009年	0 (0.0%)	47 (12.2%)	3 (0.8%)	297 (76.9%)	30 (7.8%)	9 (2.3%)
	2006年	0 (0.0%)	14 (3.9%)	6 (1.7%)	303 (83.9%)	25 (6.9%)	11 (3.0%)
その他銀行	2009年	1 (1.9%)	7 (13.2%)	5 (9.4%)	14 (26.4%)	15 (28.3%)	11 (20.8%)
	2006年	2 (5.4%)	3 (8.1%)	5 (13.5%)	11 (29.7%)	7 (18.9%)	8 (21.6%)
保険会社	2009年	0 (0.0%)	15 (20.5%)	1 (1.4%)	12 (16.4%)	37 (50.7%)	8 (11.0%)
	2006年	1 (1.6%)	7 (10.9%)	4 (6.3%)	11 (17.2%)	32 (50.0%)	8 (12.5%)
証券会社等	2009年	15 (4.5%)	69 (20.5%)	36 (10.7%)	91 (27.1%)	73 (21.7%)	52 (15.5%)
	2006年	13 (5.7%)	24 (10.5%)	22 (9.6%)	63 (27.6%)	71 (31.1%)	33 (14.5%)
証券会社	2009年	4 (2.4%)	41 (24.1%)	19 (11.2%)	62 (36.5%)	26 (15.3%)	18 (10.6%)
	2006年	6 (4.6%)	13 (9.9%)	13 (9.9%)	47 (35.9%)	32 (24.4%)	18 (13.7%)
投信・投資顧問	2009年	9 (6.8%)	14 (10.6%)	14 (10.6%)	22 (16.7%)	43 (32.6%)	30 (22.7%)
	2006年	7 (8.5%)	7 (8.5%)	6 (7.3%)	13 (15.9%)	37 (45.1%)	12 (14.6%)
金先業者	2009年	2 (5.9%)	14 (41.2%)	3 (8.8%)	7 (20.6%)	4 (11.8%)	4 (11.8%)
	2006年	0 (0.0%)	4 (26.7%)	3 (20.0%)	3 (20.0%)	2 (13.3%)	3 (20.0%)
小計	2009年	16 (1.7%)	146 (15.1%)	45 (4.7%)	509 (52.6%)	164 (17.0%)	87 (9.0%)
	2006年	16 (2.0%)	52 (6.4%)	37 (4.6%)	489 (60.4%)	140 (17.3%)	70 (8.6%)
貸金業者	2009年	9 (2.9%)	48 (15.5%)	53 (17.1%)	119 (38.4%)	39 (12.6%)	42 (13.5%)
合計	2009年	25 (2.0%)	194 (15.2%)	98 (7.7%)	628 (49.2%)	203 (15.9%)	129 (10.1%)

（注）1．名称等は，表 8-1 に同じ。
　　　2．割合は，表 8-1 の CSR を重視した取組を行っている金融機関数に対する割合。
（出所）金融庁「金融機関の CSR 調査結果の概要」2009 年，3 頁より一部修正して掲載。

最後に，CSR を重視した取り組みを行う理由を示したものが，表 8-2 である。貸金業者を除く全体でみると，「地域との共存共栄」(52.6%)，「取り扱う事業の公共性に鑑みて」(17.0%)，「一般へのイメージアップ」(15.1%) が比較的高くなっているが，個別の業界レベルで特徴がみられる。特に，地域銀行や信金・信組・労金では，「地域との共存共栄」がそれぞれ 85.2%，76.9% と突出している。また，保険会社では，「取り扱う事業の公共性に鑑みて」と回答したものが 50.7% となっている。これに対して，証券会社等では「一般へのイメージアップ」と回答した割合が比較的高く，とりわけ，金先業者で 41.2%，証券会社で 24.1% と比較的高い値となっている。

以上の調査から，金融業界では，CSR や環境問題に取り組む企業が徐々に増加していることが分かる。しかし，個別業界レベルでみると，その取り組みの浸透度が異なり，それに応じて，専門部署の設置や情報公開の実施状況にも差がみられている。また，CSR や環境問題に取り組む理由も，個別業界の事情を反映したものになっており，一口に金融業界といっても，それを包括して取りあげることの難しさが示唆されている。

4. 金融業における環境経営とイノベーションの事例

このように，金融業界に含まれる個別業界は多様であり，環境への取り組み状況もまた，さまざまである。そこで，以下では，金融業の主な業務，すなわち，融資業務と投資業務，そして補償業務に区別して，事例を検討することにしたい。

(1) 融資業務

① 官民連携による金利優遇

まず，融資業務であるが，これには，国の支援制度を活用したものがある。たとえば，2014 年，環境省は，「環境配慮型融資促進利子補給金交付事業」として，地球温暖化対策などの環境対策に積極的に取り組む企業を支援するための基金を設置した。これは，金融機関が行う環境配慮型融資のうち，地球温暖化対策のための設備投資に関する融資に対して，その利息の一部を助成するものである。3年間で3%（または5年間で5%）以上のCO_2排出削減を誓約・達成することを条件に，環境配慮型設備導入に伴う借入利率に相当する利子補給金（上限1%）を最長3年にわたり受けることができる（誓約未達成時には，利子補給金を返還）。

この制度を利用した1つの例として，三菱東京UFJ銀行による，日本カーバイド工業の新研究開発センターの建設事業に対する融資がある。同行は，日本カーバイド工業の新研究開発センターの建設にあたって，この制度を活用して融資を実施している[18]。2016年10月に富山県滑川市に竣工予定の同センターでは，CO_2削減に向けた取り組みとして，①建屋における外壁開口部の削減やルーバーの採用など，建物内部に差し込む日射を制御する省エネ設計によって効率的に熱負荷（建物を一定の温湿度に保つために必要とされる熱量）を削減することや，②省エネタイプの照明，空調，エレベーター等の設備導入の推進，③トイレ・階段等の照明への人感センサーの導入，無人の場所における空調停止等による節電の実施が予定されている[19]。

また，三菱東京UFJ銀行では，経済産業省の「エネルギー使用合理化特定設備等導入促進事業費補助金」制度を利用した省エネ対策支援ローン事業も行われている。この制度は，省エネ設備導入に伴う借入利率のうち，1%を上

表8-3　MUFGの環境融資による社会（環境）的価値と経済的価値

年度	2005年度以前	2006	2007	2008	2009	2010	2011	2012	2013	2014	2015
年度別環境融資案件数(件)	16	10	6	6	7	9	36	25	38	29	21
年度別融資によるCO_2年間削減効果（千t－CO_2）	158.7	134.9	21.1	36.3	20	4.8	21.2	56.8	190.2	106.4	248.8
累計CO_2削減効果（千t－CO_2）	158.7	293.6	314.7	351	371	375.8	396.9	453.7	643.9	750.3	999.1
累計削減経済効果(百万円)	1,111	2,055	2,203	2,457	2,597	2,630	2,834	3,293	4,625	5,104	5,477
削減単価（円/t－CO_2）	7,000	7,000	7,000	7,000	7,000	7,000	9,600	8,100	7,000	4,500	1,500

（原注）削減単価については，2005年度以前～2010年度は京都議定書の目標を達成するために必要な対策中のもっとも高額な費用として7,000円／トンとした。2011年度以降は，国内の削減費用とみなすことが可能な指標として東京都「総量削減義務と排出量取引制度」に関する東京都の調査「取引価格の査定結果について」より「超過削減量」の仲値価格を用いた。

（出所）MUFGHP（http://www.mufg.jp/csr/juten/sustainability/finance/, 2016年9月30日確認）。

限に利子補給金を最長10年にわたり受けられるというものであり，三菱東京UFJ銀行は，麗澤海運が国内で利用している船舶を高効率のディーゼルエンジン船舶へ置き換える投資費用の一部について，この制度を利用して融資を実施している。これにより，船舶速度の向上や航海時間の短縮，積載量の増加などが可能となり，エネルギー使用原単位を1%以上改善できる見込みだとされる[20]。

これらを含め，三菱東京UFJ銀行による環境融資の実績を示したものが，表8-3である。同表にあるように，こうした環境融資によるCO_2削減効果は，2015年度までの累計でおよそ100万t－CO_2，経済効果も54億7,700万円となっており，国の政策を介して，社会（環境）的価値と経済的価値の両立を融資によって実現した例だといえるだろう。

②　プロジェクト・ファイナンス

資金調達の1つの方法に，プロジェクト・ファイナンスがある。これは，コーポレート・ファイナンス（企業の信用力による融資）やアセット・ファイナンス（資産の信用力による融資）に対比されるもので，事業から予想される収益や資産を基礎に融資を行うものである。一般に，事業を実際に行う会社とは異なる特別目的会社（Special Purpose Company：SPC）を設立し，このSPCに対する融資というかたちがとられる。プロジェクト・ファイナンスでは，事業が失敗しても親会社や出資者に債務保証を求めないため（nonrecourse loan），貸出を行う金融機関は，事業の成否についてリスクを負担することになる。このため，いくつかの金融機関と連携して融資を行う場合もある。

たとえば，三菱東京UFJ銀行では，バージニア・ソーラー・グループ（Virginia Solar Group）とGEエナジー・フィナンシャル・サービス（GE Energy Financial Services），およびパシフィコ・エナジーが共同出資する太陽光発電事業に対する，総額350億円のプロジェクト・ファイナンスのアレンジを行っている。この発電所は，2018年春に商業運転を開始する見込みであり，発電容量は96.2MWと一般家庭3万世帯分の年間電力消費量に相当し，年間6万8,200トンのCO_2排出量削減が期待されている[21]。また，同行は，ドイツのエネルギー会社であるRWEなどをスポンサーとするイギリスの洋上風力発電事業に対して，ヨーロッパを中心とした海外銀行12行とともに協調融資を実施している。プロジェクトの規模は，融資総額13億イギリスポンドに達し，発電容量は約33万世帯分の年間電力消費量に相当する336MW，年間約60万トンのCO_2排出量の削減につながるとされる。加えて発電所建設事業で約700名，保守・メンテナンスに約100名の雇用が創出されるという[22]。

③　環境配慮型融資

以上のような比較的大規模な融資の他にも，企業や個人向けにさまざまな融資商品が開発されている。たとえば，三菱UFJ信託銀行では，「CSRサポートローン」や「CO_2削減サポートローン」といった商品を提供している。CSRサポートローンは，CSRに関する項目（管理職に占める女性の割合，産業廃棄物リサイクル率など）について改善目標を宣言した顧客に対して，優遇金利で融資を行うローンであり，CO_2削減サポートローンは，CO_2の削減を宣言した顧客に対して，金利を優遇して融資するローンである。この金利優遇分は，「分別管理金」として一旦プールされ，顧客が宣言した目標を実行した場合には顧客に払い戻される。目標が未達成の場合には，金利優遇分は社会貢献・環境貢献を行っている外部団体へ寄付される[23]。

企業向けの環境配慮型融資は，保険会社の資産運用の一環としても行われている。たとえば，日本生命では，中小企業向け環境配慮型融資として，「ISO14001」の認証を取得しているか，もしくは，環境省が定めた「エコアクション21」の認証を取得していることを条件に，金利を0.25%優遇する商品を提供している[24]。エコアクション21は，主に中小企業が環境問題に取り組む簡易な方法を提供することを目的として，1996年に環境省が策定したガイドラインである。環境マネジメント・システムや環境パフォーマンス評価，環境報告を1つに統合したものであり，2004年と2009年に認証・登録制度として活用しやすいように改訂されている[25]。この日本生命の融資商品は，原則として3,000万円〜3億円と比較的少額の融資であるが，中小企業も比較的採用しやすい公的な基準を用いて融資を行っているところに特徴があるといえるだろう。

また，個人向けの融資についても，環境配慮型の商品が販売されている。たとえば，三菱東京UFJ銀行と三菱UFJ信託銀行はいずれも，個人向けに環境に配慮した住宅の購入やリフォームを支援する事業を行っている。これは，太陽光発電システムの導入などの条件を満たした「環境に配慮した住宅」を建築，購入する顧客に対して，一定の金利を優遇するサービスである[26]。また，日本生命では，「省エネ・耐震住宅」（日本住宅性能表示基準のうち断熱等性能等級「4」，一次エネルギー消費量等級「4」などの条件を満たすもの）や「長期優良住宅」（温熱環境などの長期的に良好な状態で使える措置を設けた住宅。所管行政庁への申請・認定が必要），「エコ住宅」（オール電化や太陽光発電システムなどの省エネルギー機器を導入したもの）を対象に，借り入れ当初10年間について，金利を0.1%引き下げるという商品を提供している[27]。

(2) 投資業務

投資業務における環境配慮の典型例は，SRIであろう。まず，SRIの規模をみてみると，2012年から2014年までに，世界におけるSRIの運用資産額は約13兆ドルから約21兆ドルへと61.1%増加し，世界の運用資産全体に占める割合も，2014年に30.2%に達している（表8-4）。

地域別にみると，最もSRIが活発に行われているのは欧州であり，世界のSRI運用資産に占める割合は63.7%，欧州域内の総運用資産に占めるSRIの割合も58.8%と突出している。アメリカやカナダは，欧州と比較して，世界のSRI運用資産に占める割合，および地域内の運用資産に占めるSRIの割合ともに低いものの，SRI運用資産額の増加率が高く，アメリカで75.7%，カナダで

表8-4　SRIの運用資産額

地域	SRI運用資産額（10億ドル）		増加率	世界のSRI運用資産に占める割合（2014年）	各地域の運用資産に占めるSRIの割合（2014年）
	2012年	2014年			
欧州	8,758	13,608	55.4%	63.7%	58.8%
アメリカ	3,740	6,572	75.7%	30.8%	17.9%
カナダ	589	945	60.4%	4.4%	31.3%
豪州／NZ	134	180	34.3%	0.8%	16.6%
アジア（含む日本）	40	53	32.5%	0.2%	0.8%
世界	13,261	21,358	61.1%	100.0%	30.2%

（出所）Global Sustainable Investment Alliance, *2014 Global Sustainable Investment Review*, 2015, pp. 7-8より筆者作成。

60.4%となっている。これに対して，アジア地域のSRI運用資産額および世界のSRI運用資産に占める割合は，表8-4に示されている地域の中で最も低く，増加率についても，また域内の総運用資産額についても，他の地域と比較して低調である。

GSIRのデータによれば，アジア地域では比較的規模の大きい市場は，マレーシア，香港，韓国であり，増加率はインドネシアとシンガポールが高いのに対して，日本のSRI運用資産額は，2012年の10.2億ドルから2014年には8億ドルに減少しているとされる[28]。これはアジア地域のおよそ1.5%にすぎないが，GSIRのデータには日本国内の年金基金をはじめとする機関投資家によるSRIが集計に反映されていないことに注意が必要である。NPO法人社会的責任投資フォーラムが2015年に行った国内28社の年金基金，投資運用会社に対するアンケート調査によれば，日本のSRIの運用残高総額はおよそ26兆6,873億円（24機関）となっており[29]，ここからは，欧州・アメリカ・カナダに次ぐ規模であることが示唆されている。

SRI商品の具体例としては，すでに述べたように，日本で初めてSRIファンドの取り扱いを開始したのは，（SMBC）日興證券である。同社では，1999年に日本初となる「日興エコファンド」の取り扱いを開始して以来，環境保全技術がもたらす収益性に着目した「環境ビジネス株ファンド」や，環境プロジェクトを支援する債券に投資する「環境支援債券ファンド」などを提供している。また，2010年2月からは，世界銀行との共同で「グリーンボンド」に投資する世界初のファンド「SMBC・日興世銀債ファンド」の取り扱いも開始しており，その収益の一部が，日本ユニセフ協会，日本赤十字社に寄付されている。

グリーンボンドは，温暖化対策や環境プロジェクトといった，環境保護に関係する用途に利用する目的で資金を調達するために発行されるものであり，世界銀行が初めて使用した用語である[30]。当初は，世界銀行や欧州投資銀行などの国際開発金融機関が先行して発行していたが，その後企業や地方自治体に広がり，2015年の年間発行額は418億ドルにのぼる[31]。こうした債権には他にも，「アグリ・ボンド」や「エコロジー・ボンド」，「ウォーター・ボンド」などがあり，国内の市場規模は2015年度末までの累計で1兆1,670億円，そのうち，大和証券が56%のシェアでトップとなっている[32]。

⑶　補償業務

すでに述べたように，アメリカでは，1980年代にスーパーファンド法と関連判例により，環境汚染の費用負担の責任を負う主体が潜在的責任当事者（PRP）へと拡大された。これを受けて，損害保険会社は環境汚染賠償責任保険を提供し始めたが，保険金支払いが巨額となり，破産や買収，合併，リストラにつながることもあった。そこで損害保険業界は，一般賠償責任保険の約款を改訂し，汚染による損害を免責事項に加えたため，企業は，環境汚染損害や賠償責任に対応した特別の保険を購入しなければならなくなった[33]。

1990年代に入ると，地球温暖化の影響などにより，自然災害による保険金の支払額が増大した[34]。とりわけ，大規模災害が見込まれる場合，リスク分散や利益のために，保険会社が自己の保有する保険責任を他の保険者に移転するため，それを引き受ける損害保険会社等の再保険会社は，潜在的な大規模災害，とりわけ気候変動問題への関心が高くなる。こうして，損害保険会社は，環境に関する専門家を抱え，顧客企業の環境責任の財務的な影響の分析や，顧客企業とともに環境保全に取り組むといった活動も行われるようになった[35]。

具体的な例として，ここでは，損保ジャパン日本興亜（以下，損保ジャパン）の事例をみてみよう[36]。同社では，気候変動による影響や被害の軽減と温室効果ガスの排出量の削減という２つの面で役立つ商品・サービスを提供している。たとえば，風力発電事業者を対象とする「事故再発防止費用特約」を付帯した火災保険はその１つである。風力発電設備は，事故が発生すると損害が高額となるとともに，同種の事故が連続して発生する傾向があり，事故の原因調査や再発防止対策が重要な課題となる。このようなニーズに対応するため，損保ジャパンでは，事故再発防止ノウハウを組み入れた特約を開発し，保険とリスクマネジメントサービスを提供している。

また，洋上風力発電プロジェクトでは，これまで，建設作業中や完成後の事業運営プロセスごとに保険がかけられていたが，保険の加入漏れや事業管理の効率の低下という問題があった。そこで損保ジャパンでは，洋上風力発電設備の建設作業中と事業運営中の不測の事故によって損害が発生した場合の保険をパッケージで提供し，SOMPO キャノピアス（元イギリスロイズ損保。2014年に損保ジャパンが買収）の専門部署が，欧州市場でのノウハウをグループ内で共有し，日本での事業にそれを活かしている。

損保ジャパンでは，太陽光発電事業者向けの売電収入補償特約も販売している。2012 年，日本でも「再生可能エネルギーの固定価格買取制度（FIT）」が開始された。これは，再生可能エネルギーで発電した電気を，電力会社が一定価格で買い取ることを国が約束する制度であり，さまざまな企業が太陽光発電事業へ参入するとともに，そのリスクに対する関心も高まった。特に太陽光発電では，気候の変動や日射量の変化により発電量が増減するため，事故が発生しなかったとしても，予想される売電収入の算出が困難だという課題がある。そこで損保ジャパンでは，独立行政法人新エネルギー・産業技術総合開発機構（NEDO）が公表している所在地別・月別の日射量を活用して予想売電収入を算出し，売電収入の減少に伴う営業利益の減少を補償する「売電収入補償特約」を開発している。

他にも，損保ジャパンでは，世界銀行と日本政府による「太平洋自然災害リスク保険パイロット・プログラム」に参加している[37]。このプログラムは，世界銀行と日本の財務省が共同で立ち上げたもので，太平洋島嶼国 5 カ国（サモア，ソロモン諸島，トンガ，バヌアツ，マーシャル諸島）を対象とした太平洋自然災害リスク保険の試行プログラムである。太平洋島嶼国は，台風や地震・津波などの自然災害のもたらすリスクに対して脆弱であり，大規模自然災害が発生した際には，国の対応や海外からの支援等が行われるまでの間，資金が必要となる。このプログラムは，こうした資金需要をまかなうためのものであり，太平洋島嶼国が世界銀行とデリバティブ（金融派生商品）契約を結び，世界銀行は世界銀行信託基金を設立して，一定規模以上の自然災害が発生した場合に，加入国に対して補償金を支払う。保険会社は，世界銀行とデリバティブ契約を結び，太平洋島嶼国から世界銀行が引き受けたリスクを民間保険会社に移転する仕組みとなっており，損保ジャパンは，このプログラムの検討段階から参画している。

5. まとめ

本章では，金融業における環境経営とイノベーションについて検討してきた。第1節の「はじめに」に続き，第2節では，金融業と環境問題の関わりを歴史的に検討し，初期の賠償問題から金融機関に対する環境責任，環境リスクへの金融機関の対応，環境投融資，国際機関による金融機関の環境ガイドラインの策定へと展開してきたことを確認した。第3節では，日本における金融機関の環境への取り組み状況について検討し，日本における金融機関の環境への取り組みは年々向上しているものの，業種によって取り組み状況に差があることを指摘した。このことから，第4節では，金融業における環境への取り組みを融資業務と投資業務，そして補償業務という3つの事業分野に分けた上で事例を検討した。融資業務については，官民連携による金利優遇やプロジェクト・ファイナンス，企業・個人向けの個別金利優遇施策を，投資業務では，SRIの近況と具体的な商品を紹介した。そして，補償業務では，保険業界と環境問題の関わりを概観した上で，環境関連の保険商品を例示して，気候変動による被害の軽減と温室効果ガスの排出量の削減という2つの面で役立つ商品が提供されていることを示した。

本章で紹介した事例は，本業を通じた環境対策に焦点を絞っている。各社ともに，オフィスなどでの通常の業務活動においても省エネや省資源に取り組み，あるいは，世界的な環境保護機関との協力や，地域に向けた環境教育などの活動にも取り組んでいる。本来であれば，こうした取り組みについても取りあげるべきところであるが，本章では紙幅の都合上，割愛している。

しかし，本章を通じて，環境問題の解決にとって，金融業界の役割は極めて大きいものであることが示されたと思われる。環境対策に役立つ新技術を開発したり，事業を開始したりする場合には，資金が必要となるとともに，リスクが伴う。金融業界は，こうした資金需要に応え，リスクの補填を担っており，そうした役割を金融機関がいかに果たしているのか，その多面的でイノベーティブな側面を本章で紹介した事例は示している。

[注]

1　足尾鉱毒事件の歴史的経緯については，東海林吉郎・菅井益郎『通史足尾鉱毒事件―1877～1984』新曜社，1984年に詳しい。また，4大公害事件と金融の関係については，藤井良広『環境金融論―持続可能な社会と経済のためのアプローチ』青土社，2013年，72-78頁を参照。
2　藤井良広『金融で解く地球環境』岩波書店，2005年，34頁。
3　藤井，前掲書，2013年，54-55頁。
4　同上書，55-56頁。
5　齋藤誠稿「スーパーファンド法の功罪（承前）―社会的な不安と過剰な規制」『書斎の窓』有斐閣，2008年7・8月号，36-37頁。藤井，前掲書，2013年，56-57頁。
6　同上書，57頁。スーパーファンド法は，「包括的環境対処補償責任法」を前身として，1986年に「スーパーファンド改正・再授権法」に改正され，2002年に「小規模事業者の責任免除とブラウンフィールド再活性化法（Small Business Liability Relief and Brownfields Revitalization Act）」（通称，ブラウンフィールド法または再活性化法）へと展開している。
7　齋藤誠稿「スーパーファンド法の功罪―自主的な問題解決を促す規制」『書斎の窓』有斐閣，2008年6月号，26-27頁。
8　藤井，前掲書，2005年，40-41頁。
9　同上書，42-43頁。
10　藤井，前掲書，2013年，63頁。
11　同上書，64頁。
12　この種の銀行は，一般的に，オルタナティブ・バンク，あるいはソーシャル・バンクなどと呼ばれるが，本章では，オルタナティブ・バンクに統一して表記する。
13　藤井良広「社会的銀行（Social Bank）の展開と労働金庫にとっての意味」全国労働金庫協会『これからの労働金庫を展望する―「ろうきん・あり方研究会」報告書』2012年，134-135頁。
14　GLS銀行については，杉本章稿「金融危機後に存在感を増すドイツのGLS Bank」国際通貨研究所『国際金融トピックス』第181号，2010年5月25日，1-3頁に，その他の銀行については，藤井，前掲論文，2012年，130-137頁に詳しい。
15　河口真理子「企業の社会的責任―環境から持続可能性へ」『大和レビュー』8号，2002年，115頁。
16　同上論文，115頁。また，SRIの歴史的展開については，谷本寛治編著『SRI社会的責任投資入門―市場が企業に迫る新たな規律』日本経済新聞社，2003年，10-21頁に詳しい。
17　国連環境計画・金融イニシアティブ，国連グローバル・コンパクト「責任投資原則」2016年，4頁，PRIHP（https://www.unpri.org/signatory-directory/，2016年9月30日確認）。
18　MUFGHP（http://www.mufg.jp/csr/juten/sustainability/finance/，2016年9月30日確認）。
19　日本カーバイド工業「株式会社三菱東京UFJ銀行との『環境経営支援ローン（1%利子補給金対応型）』制約に関するお知らせ」2015年10月30日。
20　MUFGHP（http://www.mufg.jp/csr/juten/sustainability/effort02/，2016年9月30日確認）。
21　パシフィコ・エナジーHP（http://www.pacificoenergy.jp/project/，2016年9月30日確認）。
22　MUFGHP（http://www.mufg.jp/csr/juten/sustainability/saiseikanou/，2016年9月30日確認）。MUFG『MUFG Report 2016』2016年，85頁。
23　三菱UFJ信託銀行HP（http://www.tr.mufg.jp/houjin/shisan/kan_yushi.html，2016年9月30日確認）。
24　日本生命HP（http://www.nissay.co.jp/hojin/shikin/yushi/kinri.html，2016年9月30日確認）。
25　環境省「エコアクション21ガイドライン2009年版（改訂版）」2011年6月，3頁。
26　MUFGHP（http://www.mufg.jp/csr/juten/sustainability/effort02/，2016年9月30日確認）。
27　日本生命HP（http://www.nissay.co.jp/kojin/shohin/loan/information/taishin.html，2016年9

月 30 日確認）などを参照，

28　Global Sustainable Investment Alliance, *2014 Global Sustainable Investment Review*, 2015, p. 19.

29　NPO 法人社会的責任投資フォーラム編『日本サステナブル投資白書 2015』2015 年，2-5 頁。

30　世界銀行『グリーンボンドとは』2015 年，23-25 頁。

31　環境省グリーン投資促進のための市場創出・活性化検討会「平成 27 年度報告書―我が国におけるグリーンボンド市場の発展に向けて」2016 年 3 月，4 頁。

32　大和証券グループ『CSR 報告書 2016』2016 年，17 頁。各債券については，販売用資料を参照。

33　環境省「金融業における環境配慮行動に関する調査研究報告書」2002 年，9 頁。

34　同上。自然災害による世界の保険金支払額は，1960 ～ 1990 年の間に 15 倍になっているとされる。

35　同上。

36　以下，本節における事例記述については，特に断りのない限り，損保ジャパン日本興亜 HP（http://www.sjnk.co.jp/csr/environment/instrumental/, 2016 年 9 月 30 日確認）に基づいている。

37　財務省 HP（http://www.mof.go.jp/international_policy/mdbs/wb/20130118_pilot_program.htm，2016 年 9 月 30 日確認）。

Column：ショアバンク

2010年8月20日，アメリカ，イリノイ州の金融・専門職規制局が，ショアバンクの廃業を決めた。先進的な社会的企業として世界的に有名だったショアバンクが，なぜ，破綻することになったのであろうか。

ショアバンクは，1973年にシカゴでサウス・ショア・バンクとして創設された（2000年にショアバンクに改称）。創設したのは，ハイド・パーク銀行の頭取と3人の同僚である。当時は，都市部に住む低所得のマイノリティには融資を行わないという慣行のあった，いわゆる「赤線引き」の時代であり，4人は，こうした問題に新たなアプローチで挑もうとしたのである。1970年，アメリカの銀行持株会社法が改正されたことを契機に，4人は，個人投資家たちから80万ドルの資金を集め，また銀行から240万ドルを借り入れて，経営不振で売りに出ていた地元の中小銀行，サウス・ショア・ナショナル銀行を買収し，ショアバンクの活動を開始した。

活動を開始してから最初の10年間，ショアバンクはシカゴのサウス・ショア地区に焦点を絞っていたが，1980年代の初頭からその活動を広げはじめ，2008年までに大きく3つの分野からなる複合的な企業グループへと成長していった。1つ目は，営利の銀行群であり，シカゴやクリーブランド州といった中西部にあるショアバンクそのものである。2つ目は，関連する非営利の企業群であり，3つ目は，コンサルティングや契約サービスといった，ショアバンクとは異なる他の「使命を重視する」企業の支援を行う事業である。

これらの活動により，ショアバンクは，1998年から2008年までの10年間，商業銀行業界の平均を上まわる，およそ8%の自己資本利益率を計上し，ショアバンクの銀行部門も，アメリカの地域開発金融機関としては最大の規模となっていった。また，「使命を重視する」貸し付けの金額は，子会社・関連会社合わせて41億ドルに達するとともに，60以上の国でコンサルティング・サービスを提供するようになった。

しかしながら，2008年の金融危機は，ショアバンクに深刻な影響を及ぼした。金融危機が深まるにつれて貸し倒れが増加し，その金額は，2008年の終わりまでにおよそ4,200万ドルに上るとともに，1,300万ドルの純損失も計上することとなったのである。こうした状況を脱するには，投資家たちからの資金集めだけでは限界があった。しかし，財務省の地域開発資金イニシアティブから資金提供を受けることができれば，民間基金を設立して資金を集めることにより，窮地を脱する可能性もあった。

こうしたショアバンクの状況は，世間的にも注目され，民主党の議員の中には，ショアバンクの救済に動いた議員もいた。しかし，共和党の議員からは疑問の声が出されるようにもなり，ショアバンクをめぐって，一種の政治的な闘争という側面も呈するようになった。そして，ショアバンクへの資金の拠出をめぐり，政府機関による投票が行われることとなり，その結果，ショアバンクに対する資金の拠出は否決された。こうして，公的資金の援助を受けられなかったショアバンクは，深刻な資金難に陥り，その37年間の歴史に幕を下ろすこととなったのである。

こうして，ショアバンクは破綻した。しかし，その資産は，アーバン・パートナーシップ・バンクによって引き継がれている。また，ショアバンクの傘下にあった，営利・非営利の子会社もまた，ショアバンクの破綻の影響を受けずに，多くの場合は名前を変えて存続している。ショアバンクは破綻したものの，その精神は，「善すぎて潰せない（too good to fail)」ものとして残っているのである。

※　本コラムの内容は，Post, James E. and Wilson, Fiona S., “Too Good to Fail,” *Stanford Social Innovation Review*, Fall 2011，藤井良広稿「『社会的銀行（Social Bank)』の展開と，労働金庫にとっての意味」社団法人全国労働金庫協会『これからの労働金庫を展望する―「ろうきん・あり方研究会」報告書―』2012年に基づいている。

第9章
観光業と環境経営

キーワード：持続可能な観光，エコ・ツーリズム，世界遺産

1．はじめに

国連グローバル・コンパクト（United Nations Global Compact；以下GCと略称する）は，国際連合（United Nations；以下国連）創設以降初めて国連が企業に直接提唱したイニシアチブである。1国政府や国際機関だけでは様々な地球規模で起こる課題を解決できなくなってきていることから，企業に対しその経済活動に関わる人権，労働，環境，そして腐敗防止の4分野における取り組みを求めたものである[1]。現在，中小零細企業含む1万6,000社以上がGCに賛同の意を表明している[2]。

GCは，法的拘束力を有するものではない。また，目下賛同を表明することにより多大な経済効果を生むものでもない。では，なぜ企業は環境問題に対して取り組むのであろうか。それは，経営環境の変化に対応するためであったり，企業の「環境」に対する考え方そのものが変化してきたためであると考えられる。

実際，企業は環境に関して様々な取り組みを行っている。天然資源の管理や利用から，廃棄物の生成や処分，再生利用（リサイクル），環境にやさしい製品の販売，汚染の回避や管理に至るまで，その取り組み内容は多種多様である。環境改善に関する取り組みはCSR（Corporate Social Responsibility；企業の社会的責任）の枠組みを超え，多くは資源，特にエネルギーの効率的な利用または新製品の開発という形態になっている。このような改善は，コストの削減や新市場の創出にもつながる可能性があるため，かなり一般化してきている[3]。

他方で，企業の環境に関わる取り組みすべてが，環境保護と経済性とを両立させているとは限らない。ボーゲル（2007）は，その理由としてよりグリーンな（環境にやさしい）製品に対する需要が小さいこと，コストが高くなるケースがあることなどを挙げ，企業の環境に関する自主的な改善が環境に与える影響は，限定的なものにとどまっていると言わざるをえないと指摘している[4]。

環境に関するある取り組みが環境にプラスの影響をもたらす一方，経済的なマイナス影響をもたらす場合，第3節において詳述するように企業はジレンマに苦しむことになる。このジレンマをいかに解消し経済性と環境保護を両立させるか，あるいはその環境に対する取り組みそのものが経済的利潤を生みだすようなビジネス・モデルをいかに構築するかが現代企業にとって重要な課題の1つになっている。

企業の環境に関する取り組みについては，歴史的な背景から鑑みると主に製造業を中心に議論されてきたことが分かる。では，本章の対象である観光産業における環境経営とはどのようなものだろうか。この産業に属する企業や団体が，有害な煤塵を大量に排出し公害を引き起こす可能性は製造業と比較し高くはない。しかし，環境保護やそれに対する投資は，同産業の持続的成長を遂げることと直結しているため無関係ではない。

国内外における観光産業に対しては，追い風となる要素が多い。次節に示すように，世界の観光人口は増加傾向にあり，近年急速に成長しつつある産業の1つに数えられている。日本政府はこの産業を重要な分野の1つとして位置付けている。すなわち，この産業は「経済波及効果が大きく，世界の観光需要を取り込むことにより，地域活性化，雇用機会の増大などの効果が期待できるだけではなく，世界中の人々が日本の魅力を発見し伝播することにより諸外国との相互理解の増進も期待できる」ものとし，様々な政策を実施している[5]。さらに，近年国内では世界遺産への登録も相次ぎ，2020年に東京オリンピック・パラリンピックが開催されるなど観光産業を活気づかせる要素も多い。

このように，今後日本における観光業は存在感をますます高め，経営学における議論も欠くことはできない。この産業が今後社会に資する形で持続的に成長を遂げるために，環境経営は1つの重要なキーワードとなりうるのではないだろうか。

2．観光産業の概要

⑴「観光産業」とは

まず，観光という言葉を聞くと，どのようなイメージを抱くだろうか。観光庁によると，観光とは余暇，レクリエーション，業務などの目的を問わない非日常圏への旅行を指すものと定義されている[6]。本章においてもこの定義にならうものとする。

この産業は，実に多様な企業を包含している。同庁の資料によれば，観光業には，宿泊サービス，飲食サービス，旅客輸送サービス，輸送設備レンタルサービス，旅行業・その他予約サービス，小売までもが含まれているという。観光業という言葉を聞くとすぐに旅行代理店や旅館を想像するかもしれない。しかし，その旅館に旅行者が到着するまでの交通手段を提供している企業，現地でお土産を売る店もこの業種にもちろん含まれている。実に様々な業種によって構成されている裾野の広い産業であるという特徴をもっているといえる。

次に，佐々木（2006）は観光業を成立させる資源や企業を以下のように構造的に分類している。

観光の下部構造

a）観光地の風土，山，川，海，温泉等自然に関わる資源。

b）インフラ：上下水道，電気，通信，交通に関わる手段（道路，鉄道，船，航空）など。

観光の基本構造

a）宿泊施設，飲食施設，生活機能提供施設，ショッピング施設。

b）レクリエーション施設，観光観覧施設，スポーツ施設。

観光の上層構造

a）観光情報，観光の公的・私的機関のサービス。

b）ゲストリレーションにおける心情的側面（笑顔，親切，人情，ホスピタリティ）[7]。

a）にあるような資源があること，そしてそれを機能させるインフラを下部構造として挙げている。その上に，観光客を対象とした施設があり，その施設を機能させるサービスがある。このような3層構造があって初めて特定の地域に観光業が成立する。

次に，この産業において提供される「旅行」という「商品」について簡単に取り上げてみよう。これは，マス・ツーリズムとニュー・ツーリズムに大別することができる。

第一に，マス・ツーリズムとは「観光の大衆化であり，大量の観光者が発生する現象をいう。もともと暇と資産を有する富裕階級のみが享受できた観光が，大衆の経済力の向上，旅行の商品化の進展により大衆に普及していった」ものである[8]。一般的な旅行形態であり，海外団体パックツアーなどが代表例として挙げられよう。

第二に，ニュー・ツーリズムとは，後述するマス・ツーリズムから生じた問題点を契機に生まれたものであり，「従来の物見遊山的な観光旅行に対して，これまで観光資源としては気付かれていなかったような地域固有の資源を新たに活用し，体験型・交流型の要素を取り入れた旅行の形態」である。旅行商品

表 9-1　ニュー・ツーリズムの種類とその内容

種類	内容
エコ・ツーリズム	観光旅行者が，自然観光資源について知識を有する者から案内又は助言を受け，当該自然観光資産の保護に配慮しつつ当該自然観光資源と触れ合い，これに関する知識及び理解を深める活動
グリーン・ツーリズム	農産漁村地域において自然，文化，人々との交流を楽しむ滞在型の余暇活動
文化観光	日本の歴史，伝統といった文化的な要素に対する知的欲求を満たすことを目的とする観光
世界遺産	ユネスコの世界遺産リストに記載されている世界文化遺産や世界自然遺産を対象とした観光で，保護に配慮しつつも観光活用を考えるもの
産業観光	歴史的・文化的価値のある工場等やその遺構，機会器具，最先端の技術を備えた工場等を対象とした観光で学びや体験を伴うもの
ヘルス・ツーリズム	自然豊かな地域を訪れ，そこにある自然，温泉や身体に優しい料理を味わい，心身ともに癒され，健康を回復・増進・保持する新しい観光形態
ファッション・食・映画・アニメ・山林・花等を観光資源としたニュー・ツーリズム	その他，上記を観光資源としたニュー・ツーリズム

（出所）観光庁ホームページ（http://www.mlit.go.jp/kankocho/page05_000044.html），2016年9月23日現在。

化の際に地域の特性を活かしやすいことから，地域活性化につながるものと期待されている[9]。

表9-1に示したように，ニュー・ツーリズムの中身も単一ではない。エコ・ツーリズム，グリーン・ツーリズムにはじまり，文化観光，世界遺産，産業観光，ヘルス・ツーリズム，ファッション・食・映画・アニメ・山林・花等を観光資源としたニューツーリズムまで様々なタイプがある[10]。旅行商品の目的もまた「消費者」のニーズに基づき多様化してきている。

(2)　世界における観光業

観光業は，過去60年以上にわたり拡大を続けてきた結果，世界で最も成長の早い産業の1つに数えられるまでになった。UNWTO（United Nations World Tourism Organization；世界観光機関）の調査によると，旅行者数は2015年の段階で前年同比4.6%増加し，約11億8,600万人にものぼっている。観光収入も同年に1兆2,600億ドルを計上した。2030年には旅行者数が18億人に達すると予測されている[11]。こうした勢いに伴い，観光業は世界のGDPのうち約10%を占めると同時に，世界の11人に1人がこの産業に就労するまでに至っている[12]。

また，旅行者数が増加する中でその国籍や目的地も変化してきた。1990年においては先進国からの旅行者が約70%を占めていたのに対し，2015年においては新興国からの割合が約45%にまで拡大してきた。

近年日本も海外からの旅行客を積極的に受け入れるための施策が練られ，次節にみられるようにその数は増えているものの，2015年旅行者受け入れ国トップ10には入っていない。最も旅行者数が多かった国はフランスであり，アメリカ合衆国，スペイン，中国，イタリア，トルコ，ドイツ，イギリス，メキシコ，ロシアと続いている。

ただし，観光客数と観光収入は必ずしも一致しない。観光収入のランキングは，1位アメリカ合衆国，以下中国，スペイン，フランス，イギリス，タイ，イタリア，ドイツ，香港，マカオと続いている。フランスは上記のように最大の観光客受け入れ国ではあるが，収入でみると4位に沈んでいる。UNWTOは，観光客のタイプや平均滞在日数，一泊あたり，あるいは旅行あたりの支出については国ごとに差があることを指摘している。

日本のように外国からの旅行者の受け入れについて長い歴史をもっていないため十分な受け入れ体制が取れていない場合は，観光客の数を制限することになる恐れもある。例えば，すでに都市部における宿泊先の不足が挙げられている。観光客数の増加に取り組むだけではなく，いかに満足度を高め収入性を高めていくかも今後の課題となろう。

世界規模で拡大している観光産業ではあるが，経済動向や対外的なリスク（テロや自然災害含む）の影響を受けやすいという特徴がある。例えば，2015年11月13日フランスの首都パリにおいて同時多発テロは，パリ最大の産業である観光にも大きな傷跡を残している。同市には，昨年は約4,600万人の観光客が訪れ，関連収入は210億ユーロを超えており，同市の観光業は50万人の雇用を生み出していたが，テロ発生から約10日後パリ市観光局は，同市への訪問客数は当初予測より15%低い水準に落ち込むことが報告されている[13]。この点に関しては次節に取り上げる日本の場合も同様である。

(3) 日本における観光業

近年，訪日外国人観光客が1つの重要なトピックになっている。ビジット・ジャパン事業開始以降の訪日客数はいったん2009年および2011年に低下したものの，2015年には前年同期比47.1%増の1,974万人を記録し，全体としては増加傾向にある[14]。内訳は，中国25.3%，韓国20.3%，台湾18.6%，香港7.7%，タイ4.0%と，アジアからの訪問者が圧倒的な割合を占めている[15]。

2014年までは韓国からの訪問者数が最も多かったが，2015年に中国が逆転した。台湾も2013年以降特に急激な伸び率をみせ韓国に接近している。アジア地域以外からの訪問者としては米国が多いが，上位3カ国に届く様子はみられない[16]。したがって，今後もアジアからの訪問者が主なターゲットになりうると考えられる。

こうした増加が，実質的な経済効果をもたらしているところもある。例えば，日本における延べ宿泊者数は2015年に5億545万人（前年同期比6.7%増）であり，初めて5億人を突破した。そのうち外国人宿泊者の割合もまた初めて1割を超えた[17]。

これに対し，日本人の海外旅行者数は2012年をピークに減少傾向にある。これは円安方向への動きにより現地での買い物を含めた旅行代金が上昇し，割高感が生じていることやテロなどの地政学的リスクが影響していると指摘されている。その結果，2015年は出国旅行者数と訪日外国人旅行者数が逆転し，45年ぶりに後者が前者を上回った[18]。

世界的な国際旅行者数のランキングのなかで日本の位置をみてみると，2014年の段階で日本は22位，アジアで7位という結果になっている[19]。国際観光収入は同年世界17位，アジアで8位という結果である。訪日外国人旅行者数は増加傾向にあるものの，上位にあるとは言い難い。

観光庁は，「伸びゆく世界のインバウンド需要を成長戦略の柱，地方創世の礎としていくためには，外国人旅行者数のみならず，外国人旅行者の消費額の増加を図るための施策が重要である」と指摘している。なぜなら，端的に言えば「観光消費を増やすことによって，観光GDPが増加し，ひいては雇用創出効果が生まれる」ためである。

実際，日本における観光GDPが名目GDPに占める割合は7.5%，観光産業関連雇用数は雇用全体に対し7.0%である。これは，世界平均である9.8%（GDP），9.4%（雇用）よりも低い[20]。これまで訪日外国人よりも日本人の出国旅行者に力を入れてきたことが一因として考えられる。ビジット・ジャパン事業の開始も2003年であり，観光庁の発足はそこから5年後の2008年である。

また，訪日観光客は一部の成功事例を除けば大都市に集中しており，地方への誘導も課題の1つとして挙げられよう。上述したように，外国人宿泊者数も増加し，三大都市圏と地方で宿泊者数を比較すると，その伸びは都市圏が41.6%増であるのに対し地方は59.9%とより地方の方が高い伸びを示している。地方にも徐々に観光客が流れているものの，都道府県別・宿泊施設タイプ別客室稼働率をみると，全体平均で80%を超えているところは東京都と大阪府だけである。客室タイプ別にみても，80%を超えているのは主に東京都，千葉県，埼玉県，神奈川県といった東京近郊の県と大阪府，京都府，兵庫県，愛知県，石川県，福岡県そして沖縄県のみである。埼玉県，石川県，愛知県，福岡県，沖縄県については，シティ・ホテルのみ80％を超えている[21]。

もちろん，宿泊者数がすべてを象徴するわけではなく他にも検討すべき要素はある。しかし，観光業の興隆を目的の1つに掲げているのであれば，単に旅行者数を増加させるだけの段階はすでに過ぎ，地方の経済・雇用政策にいかに直接的に結び付けられるかといった次の段階に足を踏み込んでいるといえる。

3．先行研究の検討

前節に取り上げた数値から分かるように，日本に限らず世界規模で観光客数は増加傾向にあることを追い風としながら，観光産業は急成長を遂げている。この産業に力を入れているのは日本だけではない。途上国のなかには，「観光産業を伝統的な第一次産業や第二次産業に代わる，外貨獲得のための理想的な経済手段と考えるようになった」国もある[22]。

観光のための開発は，観光収入の増加や地方の雇用を維持させるといった正のインパクトをもたらす一方，もちろん負のインパクトも社会にもたらしてきた。山村氏（2006）は背景として，主に途上国開発問題に関する議論の流れを3つに分類している。すなわち，第1段階は1950年後半から1970年代までの観光開発を肯定的にとらえた議論が中心であった時期（開発奨励期），第2段階が1970年から1985年にかけて現れた観光開発を否定的にとらえた議論が主流になった時期（開発警戒期），そして第3段階が1985年以降で持続可能性の模索が開始された時期（適応戦略期）である。

第1段階は，上述したような外貨獲得やインフラ整備の普及など正のインパクトを期待し観光開発が盛んに行われた時期である。それに対し，これらを目的に推進されてきた開発の負のインパクトが生じ，それに対する疑問が1970年代以降現れるようになってきた。これが第2段階である。

これについて同氏は「国家主導による大型開発や，マス・ツーリズムの国際化・組織化，大規模投資を余儀なくされた結果，外国資本，ノウハウ，一部の社会層への高い依存が表面化し，観光開発の波及効果が予想よりはるかに小さかったことが明らかになり始めた。さらに『公害の無い産業』として途上国の地域社会にプラスのインパクトをもたらすであろうと期待されていたにも関わらず，その期待に反して，様々な負のインパクトが表面化してしまった時期でもある」と説明している。

マス・ツーリズムにおける問題点とは，環境の破壊，観光対象となる文化が過度に商品化されその真正性が失われること，観光の利益が観光客を送り出す先進国に還流している等が挙げられている[23]。環境破壊の例でいえば，観光開発によりサンゴ礁が破壊される事例などは典型的であり，途上国だけではなく，沖縄県でも発生している問題である。長い時間をかけてできたサンゴ礁を壊すことはすぐにできても，いったん壊したら元には戻らない。熱帯や亜熱帯の海の豊かな生態系の復元は不可能に近い[24]。

環境保護と経済性を両立する形でマス・ツーリズムの問題点を解消することが，重要になったのが第3段階である。どちらかを放棄することは現実的ではない。第1段階でみられた開発奨励論と第2段階でみられた開発警戒論という両極にあった2つの考え方が，両者間の論争を通してより現実的な方向へと向かい，持続可能な開発のための新しい戦略を模索する必要性を認識したことで展開を遂げてきた。その結果，環境的・社会的・文化的に調和のとれたひとつの観光のあり方より計画的で望ましい観光形態であるとして提示されるようになった[25]。

そのキーワードとなっているのが，IUCN（International Union for Conservation of Nature and Natural Resource；国際自然保護連合），WWF（World Wildlife Fund；世界野生生物基金），UNEP（United Nations Environment Programme；国連環境計画）という3つの機関が「世界環境保全戦略」の中で提唱した経済と環境の調和を目指す「持続可能な開発(Sustainable Development)」である。

さらに，1990年国連が中心になって開催された「地球の持続可能な発展大会」の観光部会で「観光における持続可能な行動戦略」という草案が提出された。それを受け95年に「持続可能な観光発展憲章」と「時速可能な観光発展行動計画」がUNWTOなどの国連の観光関連機関によって制定された[26]。

このような経緯を経て，経済性と環境保護の両立を目的とした持続可能な観光（Sustainable Tourism）に関する世界的な合意や枠組みは作られているものの，それを経営のなかに落とし込み戦略として実施するという次のステップについては山村氏（2006）も指摘しているように現在も明確な答えを出すまでには至っていない。現在，次節の事例にみられるようにいかにどちらかを放棄せずに持続可能性を実現するのかを模索している段階にあるといえる。

このような観光開発に関する変遷は，環境に対する全般的な企業行動の変遷と類似している。例えば，現在多くの企業が環境に関連した行動指針の遵守を表明したり，認証を受けたりしている。前出GCは2000年に国連で発足した世界最大級のイニシアチブであり，環境を含む4分野10原則が提唱され，2016年1月現在世界162カ国の企業が賛同を表明している[27]。GRI（Global Reporting Initiative）は，同じく環境分野を含む組織の持続可能性報告書のガイドラインを開示し世界的に用いられている。ISO14001（International Organization for Standardization；国際標準化機構）はこれらとは異なり，環境に関する国際的な標準規格である。企業などの活動が環境に及ぼす影響を最小限にとどめることを目的とし，PDCAサイクルによる継続的な改善を取り入れていることにその特徴の1つがある[28]。

このような企業の行動は，旅行産業にも表れている。GCに賛同を表明した観光関連企業は552社であり[29]，GRIガイドラインを参照し作成された報告書は，GRIに届け出したものだけでも68冊に及ぶ。ISO14001を取得しているホテル，レストラン産業は国内に74件ある[30]。

企業がGCやGRI，ISO14001と関わるようになったのは，主に2000年以降である。しかし，企業と環境の関係はそれ以前から始まっており，各種基準への賛同やガイドラインの使用は2000年以降の環境に対する捉え方を象徴するものの1つであると考えられる[31]。

ただし，ISO14001は1996年には既に発行されている。これは，1992年の地球サミット前後から「持続可能な開発」を実現するための手法の1つとして事業者の環境マネジメントに関する関心の高まりを背景に，ICC（国際商工会議所），BCSD（持続可能な開発のための経済人会議），EU（欧州連合）などが検討を行ってきた。こうした動きを踏まえ，ISOが発行したものである[32]。

そもそも企業が経営において環境に考慮する契機となったのは，日米共に経済活動に起因する公害問題である。日本においては1960，70年代にかけての高度経済成長末期に生じた[33]。

アメリカでは，公害を抑制するため社会が企業に強い圧力をかけたり，行政が数多くの規制を課してきた。しかしながら，ハート（2008）は「こうした法的規制は，特定の廃棄，排出，汚染物質，被爆レベルを対象とし，企業に事後処理的な対策を強いる。そこには，経営戦略や組織運営の一環として問題をとらえようという見方はない」と述べている[34]。つまり，公害を起因とし課せられた規制は，企業に環境に対して事後対応的な取り組みを求めるものであったと考えられる。

この要求に答えることは，多くの企業は多くのコストを負担するということであった。言い換えれば，環境に関する事後対応は「好むと好まざるにかかわらず，環境・社会問題への対処は企業にとっての『義務』であり，それを果たすにはお金がかかることを思い知らされたのである」[35]。環境を保護しようとすれば経済的利益を損ない，経済的利益をとれば環境問題が発生するという環境と経済性のトレード・オフの関係が発生している状態である。

企業の意識や行動に変化が生じてきたのが，米国においては1980年代後半である。企業のなかには，「環境汚染は，まき散らした後にきれいにしようとするよりも，未然に防ぐことのほうがはるかに安く効果も高いことが明らかになった」と考えるものが出てきた。例えば，公害が発生した後対応するよりも，発生しないような製品作りを行う方が費用が安く済むという考え方である。この考え方に基づくと，「企業は社会や環境の問題を品質管理の一環としてすんなり取り込むことができるようになっていった」と指摘されている。

その結果，「1990年代初め，この融合により，いわゆる環境マネジメントシステム（EMS）や総合品質管理（TQEM）などがブームになり，品質保証に関する標準ISO9000の環境版，ISO14001」が誕生する[36]。環境に対して環境問題が起こってからその解決に取り組むのではなく，環境問題が発生しないよう取り組むという方法である。そのために，生産あるいは管理方法の見直しや認証の取得といったことが実施されるようになった。

このような企業の環境に対するアプローチ方法は，以下の2つに置き換えることができるといえる。第一に，企業の公害問題に端を発した「対策型」である。これは，従来のように「環境対策のために投じる費用を利益を生まない負のコストとしてとらえ」，「企業活動の本来の目的である経済的利益の追求とはトレード・オフの関係にあると認識される」というものであり，企業は環境と経済性に挟まれジレンマに陥ることになる。

第二に「戦略型」が挙げられる。これは，「環境対策として投じる費用を経済的利益を生み出すための投資としてとらえる」ものである。これを実施する企業は「環境対策への投資はビジネスとしての側面を持ち，環境保全商品の開発・販売を通じて経済的利益を得ることがその目的」となる[37]。企業が環境保護に投じる費用は，企業の経済的利益を損なうものではなく，その企業が市場に提供する商品価値を増進させ経済的利益を生み出すものであるという考え方である。このような考え方はCSV（Corporate Shared Value），あるいはBOP（Bottom of the Pyramid）へ繋がるものである。

公害に端を発した企業と環境の関わりは主に製造業であり，多くの文献が製造業を中心に論じてきた。しかしながら，このような考え方の背景や導出されたアプローチは，観光業について考える場合にも示唆を得ることができよう。

観光産業における環境保護とは，自身の主要な資源を保護することであり，環境保護への投資は自身の資源の付加価値をあげることに直結する。例えば，前出のサンゴ礁の事例にも見られるように，ある景勝地において一時的な需要の増加に対し過度な開発を行ったため著しく景観を損なった場合，観光客数は減少し市場が急激に縮小することによって，大幅な地域の失業を招くことになるかもしれない。いったん失われた「景観」の回復は多大な費用と時間を要することになる。場合によっては，サンゴ礁のように回復しないこともある。地域の失業もまた多大な損失を生むであろう。ただし，環境に対し無限に投資することはどのような企業であっても不可能である。したがって，この産業における持続性の概念は，極めて重要な意味をもつ。

既存研究においてはこの「持続可能な観光」が成立する要件の検討[38]や，ヨーロッパにおける同観光に関する指標と観光政策について論じられてきた[39]。また，多面的に「持続可能な開発」の先行研究の検討を行っているものもある[40]。

「持続可能な観光」を旅行商品として体現しているのが，エコ・ツーリズムであろう（表9-1参照のこと）。エコ・ツーリズムとは「自然環境保護と観光ビジネスの発展という本来両立困難な性質を持ったものを両立可能にする望ましいツーリズム形態」であると既に指摘されている[41]。ただし，エコ・ツーリズムは両立させている旅行商品であるものの，環境経営の側面から論じられているものは決して多くない。

問題点が指摘されてきたマス・ツーリズムに関しても，「観光が人間の社会経済活動そのものであることを踏まえれば『持続可能な社会を実現するための観光』として理解し，その実現に向けては，現在の観光の状況の改善，すなわちマス・ツーリズムのエコ化が鍵である」[42]と論じられているようにいかに経済性を損なわないようにしながらも「エコ化」していくのかが，市場が拡大していくなかでの重要な課題の1つとなろう。したがって，次章においてはこのような議論の背景のもと主に日本においてどのような取り組みを行っているのかをみていくことにする。

4．エコ・ツーリズムと世界遺産「富士山」観光

(1)　エコ・ツーリズム

エコ・ツーリズムとは，原始的な自然，里山の自然，そこで繰り広げられてきた人々の生活の関わり，地域に伝わる生活文化など地域資源と深くふれあう旅のかたちである[43]。その推進の基本理念は「自然環境の保全」，「観光振興」，「地域振興」，「観光教育の場としての活用」であり，エコ・ツーリズム推進法でも，これらをうまく両立させていくことを掲げている[44]。

「マス・ツーリズム」が自然や社会に対し負の影響を与えていることが指摘されるようになり，マス・ツーリズムに対峙する概念として「エコ・ツーリズム」が生まれ，より個性的で自然志向の旅行への旅行者ニーズの高まりの中で，自然保全の経済的手段としてその概念を発展させてきた[45]。

そこで，本節においては，主にこの経済的側面を中心にみていく。まず，市場規模は以下の通りである。すなわち表9-1に挙げたニュー・ツーリズムに関する推定市場規模（売上高ベース）は331億円（250万人の参加，5,500の運

営者）である。そのうちエコ・ツーリズムが占める割合は16.9%で59億3,900万円と推定されている。参加者人数は21.4%を占め約55万5,000名である[46]。

次に，消費者はエコ・ツーリズムを，エコ・ツアーという「商品」をどのように認識しているのかをみてみる。日本エコツーリズム協会の調査によると，年齢層によって「エコツアー」の存在の認知度に差があることが分かる[47]。

「経験したことがある」「経験はないが内容はよく知っている」「なんとなく内容を知っている」という3項目が比較的高いのが，男性60代以上，女性60代以上，女性40代である。これに対して，男性20代・30代および女性20代において「全く知らない」と回答したものが，50%を超えている。過年度平均でみても，2012年以降「まったく知らない」と回答したものが増加傾向にある。実際，「エコツアー」の上位問題点・課題においては，エコツアーの情報が少なすぎるという回答が2014，2015年度最上位に挙がっている。

他方で，エコツアーへの参加意向を問うものでは，やや減少傾向にあるものの「ぜひ参加したい」「参加したい」「参加の有無は分からないが興味がある」と答えたものが2015年度において58.2%に及ぶ。内訳はやはり男女とも60代以上の参加意向が強い。しかし，前記の通り認知度の低い女性20代においても，「ぜひ参加したい」「参加したい」「参加の有無は分からないが興味がある」と回答したものが58%となっているという結果も同時に表れている。

さらに，エコ・ツアーに参加意欲がある消費者が，ツアーにいくらならば払うつもりでいるのかを測る限度額にも差がある。参加意欲別傾向において，「ぜひ参加したい」人の限度額平均は9,721円という結果である。ただし，性・年齢別「エコツアー１日コース」に参加する場合の限度額平均において上位は男性60代が9,130円，女性60代が8,170円，女性40代が7,710円という結果となっている。認知度や参加意欲，限度額共上位は比較的高年齢層が占めている傾向にある。

このような消費動向に対しエコ・ツーリズムを運営している側はどのようにこのツアーを認識しているのだろうか。運営に携わっているのは，企業だけではない。企業と自治体，観光協会系，NPO・NGO，個人，その他に分けられる。

観光庁の調査より課題の１つが読み取れる。企業の撤退率が自然観察分野で

9.5%，作業保護作業だと8.0%と，他のニュー・ツーリズムと比較した場合高い値を示している。この数値的特徴からは運営者側にとって決して「満足度の高い」旅行商品とは言えない。

エコ・ツーリズムの特性を鑑みれば，マス・ツーリズムと市場規模を比較するまでもなく決して大きいとは言えない。需要を受け止める容量は必然的に限定される。無制限に受け入れるために自然を破壊しながら開発してしまえば，その地域におけるエコ・ツーリズムは成立しない。

撤退率が比較的高いもののアンケートやデータから，そのビジネス・モデルは，単なる自然環境の保護のためのボランティア的な商品ではなく，経済的手段としても機能していることも分かる。

実際，ニュー・ツーリズムのなかでもエコ・ツーリズムの参加者の満足度は極めて高く，「かなり期待していた」と回答した回答者が「十分」に満足できた人の数を上回っている[48]。総じて参加者の満足度は高く参加意欲も高めであるが，認知度は低く，撤退率も高いという可能性とリスクを同時にはらんだ「商品」である。

20代，30代における認知度の高まりによっては，市場拡大の可能性を十分に含んでいると言えるだろう。他方でその拡大に伴い，参加者のマナー低下や未熟なガイドの問題の深刻化が懸念されている。環境省は，エコ・ツーリズム成立要件として，地域の自然や文化に対する知識や経験の案内（＝ガイダンス）と，地域の自然や文化を保全・維持するための取り決め（＝ルール）の2点であるとしている[49]。ニーズに応じて市場を拡大しても，この2点を放棄することはできない。

上記のようにエコ・ツーリズムの特性を考慮すると，当然マス・ツーリズム同様の拡大は不可能である。広報活動を通じ認知度を高め参加者を増加させることも重要である一方，参加者への事前研修やガイドの育成への投資が対策の1つとして考えられる[50]。

⑵　世界遺産・富士山観光

富士山は山梨件，静岡県両県にまたがる日本一の高峰である。2013年には世界遺産として登録された。富士山世界文化遺産の構成資産は山梨，静岡両県合わせて25件であり，富士山そのものだけではなく，富士山の周辺にある神社や湖沼なども対象に含まれている[51]。

これに伴い，観光客数は増加傾向にある。しかし，「富士山を含む世界遺産登録が観光振興を通じた地域活性化に本当に寄与しているのか」という疑問も提起されている。具体的には，世界遺産登録後，長期にわたって安定した観光需要が確保されているのか，世界遺産には国際的なブランド価値があるとされるが，インバウンド観光はどの程度活性化したのか，そして世界遺産所在地は経済的，社会文化面でどのようなメリットを享受したのかについて検証の必要があると指摘されている[52]。世界遺産は大きな観光需要を喚起する一方，その需要にどう対応するのかといった点は議論の余地が残されている。特に近年日本においてはその登録数が増加傾向にあることから，富士山に限定された課題ではない。

2013年に山梨県を訪れた観光客数は世界遺産効果の影響で前年比8.5％増加し，直接的な経済効果だけでも112億円と推定されている。富士北麓地域における経済波及効果は年産で約38億円であり，鉄道，バスの運転本数も増加増便させた。実際，7・8月の乗降客数は約8万4千人に及び過去10年間で最高となった。特に富士山五合目，本栖湖，精進湖・西湖周辺を中心に観光客数は前年比13.5％増加した。外国人宿泊客数はアジア圏を中心に前年度比34.5％増の延べ48万3千人であり，彼らのうち43.5％が富士山の世界遺産登録が影響していると回答している[53]。

しかしながら，増加する観光客を無尽蔵に受け入れていけば，世界遺産へ登録されるほどの貴重な「資源」を損ないかねない。富士山に関しては，ユネスコの諮問機関であるイコモス（国際記念物遺跡会議）より環境保全報告書の提出を求められた[54]。これは異例のことであり，文化庁世界文化遺産室は「世界遺産登録語に何らか問題が生じて，報告書を求められることはあるが，富士山のように登録時点で報告書を求められたケースは他に知らない。半ば，条件付登録のようなもの」と説明している[55]。例えば売店をはじめとする建物群のデザイン改善から登山道へ向かう自家用車の問題，三保松原の海岸防波堤の問題など対応しなければならないことは多岐にわたる[56]。

そこで，イコモスからの勧告後，山梨県はマイカー規制を実施した。この結果，マイカーの減少により年間8,000万円の減収が見込まれている[57]。2013年夏山シーズン中の登山者数は，前年度比2.5%減少しており，混雑情報だけではなく富士スバルラインへのマイカー規制強化が影響していると指摘されている[58]。

減収は富士山周辺の同産業の縮小を余儀なくさせるものである一方，「富士山」というかけがえの無い資源の損失，「世界遺産の登録抹消」という「資源価値の低減」は，地域の観光業はもとより地域の経済基盤を揺るがしかねないというジレンマを抱えることになる。一度失われてしまった環境という「資源」を取り戻すには，莫大な金額と時間を要する。このような意味で，特に観光産業においては事後対応的なアプローチではなく「戦略的」なアプローチが不可欠である。

国と静岡，山梨両県，富士山周辺の自治体などでつくる富士山世界文化遺産協議会は，2018年夏までに1日の登山者数の上限を設定する来訪者管理戦略など保全管理の方針を採択した。来訪者管理は「富士山の神聖さや美しさを実感できる登山の在り方が重要」であるとし，2015年より3年かけて登山者の動態調査などを継続実施し，登山者数などの指標を定める。各種戦略には噴火への対応などの危機管理戦略，巡礼路の特定なども盛り込まれている[59]。

さらに，山岳トイレのし尿処理問題，ごみ処理問題も世界遺産登録以前から議論されてきた。平成10年6月より他の自然公園におけるし尿運搬の事例をもとにパイプラインやブルドーザーによる運搬費用が検討されたが，コストがかかるため決定的な方策とはならなかった。こうした問題に対し，例えば自治体および山小屋がバイオ式や燃料式の改良型トイレの整備を進め，平成18年までにほぼ全ての山小屋において環境に配慮した改良型のトイレが整備された[60]。単に問題が発生したら規制を課すのではなく，問題を技術力を用いて解決に導いた例の1つである。

し尿に限らず後者ごみ処理問題においては，観光客の増加に伴い散乱ごみの回収量は毎年数トンにものぼっている。上記のような対策を実施すると同時に，地域をよく理解しているガイドによる「富士山カントリーコード」の遵守に向けた観光客に対する「教育」もまたエコ・ツーリズム同様有効な手段の1つであろう。

5．結びにかえて

本研究では，環境経営において従来あまり論じられることのなかった観光産業に焦点をあて，これまでの主な議論の経緯をたどると同時に環境保護と経済性の両立を模索している事例を検討してきた。

企業が環境に対して取り組む契機となったのは，製造業においては公害問題であり，観光業においては環境破壊がその代表的なものであった。その後，後者からはエコ・ツーリズムを一例とするニュー・ツーリズムが生まれると同時に，マス・ツーリズムにおいてもいかに観光客，観光収入を減少させずに環境を保護するかという持続可能な観光について実践的に模索されてきた。

企業の環境に対する取り組みは，第1節においてボーゲルが挙げたように天然資源の管理や利用から環境にやさしい製品の販売に至るまで多様化している。そのなかでも，経済性と環境保護の両立を図りやすいものと，それらが衝突し企業にジレンマを抱えさせるものとがある。省エネは環境にも優しく経済性も高いため実施されやすいが，ガイドの育成となると環境保護には直結するものの，経済性の獲得に結びつくまでに長期的な視点が必要となる。

現在の段階では，観光産業においてすべての企業がジレンマを発生させないようなビジネス・モデルにあるとは言い難く，富士山の事例のように多くが模索している段階にある。本章においては，タイプの異なる2つの事例を取り上げたに過ぎない。したがって，複数の国内外の事例を積み重ね精緻化することにより，観光産業における持続可能な環境経営についてさらなる可能性を提示することができるものと思われる。

また，本章においては，多様なステークホルダー間の連携による問題解決についてほとんど触れることができなかった。前述したように，観光業には多様な企業や団体が関わっている。こうした観光産業における環境保護，観光資源の管理は，観光業に含まれる様々な業種間の連携だけではなく，行政や市民団体，学術機関との連携が重要な鍵となる。この点については，今後の課題とする。

[注]

1　グローバル・コンパクト・ネットワーク・ジャパンホームページ（http://www.ungcjn.org/gc/index.html），2016年9月26日現在。

2　United Nations Global Compact Homepage（https://www.unglobalcompact.org/），2016年9月26日現在。

3　Vogel, David, *The Market for Virtue: The Potential and Limits of Corporate Social Responsibility*, 2005.（デービッド・ボーゲル『企業の社会的責任（CSR）の徹底研究　利益の追求と美徳のバランス―その事例による検証』一灯社，2007年，205頁。）

4　同上書，206頁。

5　国土交通省観光庁ホームページ（http://www.mlit.go.jp/kankocho/kankorikkoku/），2016年1月30日現在。

6　同上ホームページ（http://www.mlit.go.jp/kankocho/kankotoukei_gaiyou.html），2016年1月30日現在。

7　佐々木宏茂「観光開発に於ける地域特性と環境問題」『観光学研究』第5号，2006年3月，13頁。

8　手島廉幸「マスツーリズムの歴史的変遷と今後の行方」『日本国際観光学会論文集』第15号，Vol. 15，2008年3月，11頁。

9　国土交通省観光庁ホームページ（http://www.mlit.go.jp/kankocho/page05_000044.html），2016年9月23日現在。

10　同上ホームページ（http://www.mlit.go.jp/kankocho/page05_000044.html），2015年12月28日現在。

11　World Tourism Organization, *Tourism Highlights 2016 edition*, 2016, p. 6. 以下観光収入に関わる記述までこの資料より引用している。記載内容を翻訳し引用するにあたり下記を参照した。UNWTO『Tourism Highlights 2015 edition 日本語版』2015年。UNWTOアジア太平洋センターホームページ（http://unwto-ap.org/%E8%B3%87%E6%96%99%E3%83%BB%E7%B5%B1%E8%A8%88/%EF%BE%82%EF%BD%B0%EF%BE%98%EF%BD%BD%EF%BE%9E%EF%BE%91%E3%83%BB%EF%BE%8A%EF%BD%B2%EF%BE%97%EF%BD%B2%EF%BE%84/，2016年8月30日現在）よりダウンロード可。

12　*Ibid.*, p. 3.

13　CNN newsホームページ（http://www.cnn.co.jp/business/35073870.html），2015年12月28日現在。

14　国土交通省観光庁『観光白書　平成27年度』2016年，9頁。

15　同上書，8頁。

16　日本政府観光局（JNTO）ホームページ（http://www.jnto.go.jp/jpn/statistics/visitor_trends/index.html），2016年9月7日現在。

17　国土交通省観光庁，前掲書，11頁。

18　同上書，9頁。

19　日本政府観光局（JNTO）ホームページ，前掲アドレス（2016年9月7日現在）。

20　国土交通省観光庁，前掲書，59頁。

21　同上書，35-38頁。

22　山村高淑「開発途上国における地域開発問題としての文化観光開発―文化遺産と観光開発をめぐる議論の流れと近年の動向」西村徳明編『文化遺産マネジメントとツーリズムの持続的関係構築に関する研究　国立民俗学博物館調査報告』2006年，14-54頁。

23　宮本佳範「"持続可能な観光"の要件に関する考察―その概念形成における二つの流れを踏まえて」『東邦学誌』第38巻第2号，2009年，11-20頁。

24　笹川平和財団海洋政策研究所ホームページ（https://www.spf.org/opri-j/projects/information/newsletter/backnumber/2010/243_1.html），2016 年 9 月 12 日現在。
25　山村，前掲書，19 頁。
26　伊佐良次「持続可能な観光と沖縄県における観光の産業連関分析」『地域政策研究（高崎経済大学地域政策学会）』第 9 巻，第 2・3 合併号，2007 年，160 頁。
27　United Nations Global Compact Homepage（https://www.unglobalcompact.org/），2016 年 1 月 26 日現在。
28　日本適合性認定協会ホームページ（http://www.jab.or.jp/iso/iso_14001/），2016 年 8 月 30 日現在。
29　United Nations Global Compact Homepage（https://www.unglobalcompact.org/what-is-gc/participants/search?utf8=% E2% 9C% 93&search% 5Bkeywords% 5D=&search% 5Bsectors% 5D % 5B % 5D=47&search % 5Bper_page % 5D=10&search % 5Bsort_field % 5D=&search % 5Bsort_direction% 5D=asc），2016 年 8 月 30 日現在。
30　日本適合性認定協会ホームページ（http://www.jab.or.jp/system/iso/search/），2016 年 9 月 14 日現在。
31　このような動向の意義については以下の文献を参照のこと。九里徳泰・小林裕和「循環社会における旅行業の戦略的な環境経営～旅行会社の環境問題への貢献～」第 18 回日本観光研究学会全国大会。
32　環境省ホームページ（http://www.env.go.jp/policy/j-hiroba/04-iso14001.html），2016 年 9 月 14 日現在。
33　所伸之「戦略型環境経営の展開に向けて―自動車産業の事例を中心に」『日本経営学会誌』1998 年，50-62 頁。
34　Hart, Stuart L., *Capitalism at the crossroads Aligning Business, Earth, and Humanity*, 2007.（スチュアート・L・ハート著，石原薫訳『未来をつくる資本主義』英治出版，2008 年，29-30 頁。）
35　同上訳書，30 頁。
36　同上訳書，30 頁。
37　所，前掲書，50-62 頁。
38　宮本，前掲書，11-20 頁。
39　二神真美「持続可能な観光地マネジメントのための総合的指標システム―欧州連合の取組を中心に―」『UNCB Journal of Economics and Information Science』2014，Vol. 59，No. 1，217-230 頁。
40　田原榮一「持続可能な観光開発とコミュニティ」『九州産業大学商経論叢』2000 年，29-58 頁。
41　別府祐弘「観光ビジネスと環境」『提供経済学研究』Vol. 38，No. 1，139-170 頁。
42　九里徳泰・小林裕和「持続可能な観光論―歴史・理論・戦略」『日本観光研究会第 21 回全国学術論文集』2006 年，81-84 頁。
43　環境省『地球のためにできること。エコツーリズム推進ガイド』2010 年，1 頁。
44　環境省『自然豊かな農山漁村地域（里地里山）の魅力を活かした体験プログラムづくりと地域活性化への取組事例集』2013 年。
45　同上ホームページ（http://www.env.go.jp/nature/ecotourism/try-ecotourism/env/5policy/pdf/data.pdf），2015 年 1 月 30 日現在。
46　国土交通省観光庁『着地型旅行市場現状調査報告』2011 年。
47　日本エコツーリズム協会『第 12 回・2015 年度　エコ・ツーリズムに関する消費者ニーズ調査～消費者ニーズを踏まえたエコ・ツーリズムの可能性～』2016 年，1-39 頁。以下，アンケートに関連することについては，この資料より引用している。
48　国土交通省観光庁，前掲書。
49　環境省『地球のためにできること』4 頁。

50　同上書，50頁。

51　やまなし観光推進機構ホームページ（http://www.yamanashi-kankou.jp/fujisanwatcher/jp/world_heritage/index.html），2016年9月29日現在。

52　小室充弘「世界遺産を活用した観光振興のあり方に関する研究」『運輸政策研究所　第35回研究報告会』2014年，70頁。

53　関東財務局甲府財務事務所「富士山の世界遺産登録による経済的効果」（http://kantou.mof.go.jp/content/000093182.pdf），2016年1月20日現在。

54　同上ホームページ。

55　日本経済新聞電子版2014年2月13日「世界遺産は期限付き？富士山に課された2年の宿題」下記ホームページ（http://style.nikkei.com/article/DGXNASFK0400F_V00C14A2000000?channel=DF130120166109&style=1）よりアクセス可。

56　同上記事。

57　同上記事。

58　関東財務局甲府財務事務所，前掲ホームページ。

59　静岡新聞，下記ホームページ（http://www.at-s.com/news/article/topics/shizuoka/mtfuji/24974.html，2015年1月30日現在）よりアクセス可。

60　環境省ホームページ（http://www.env.go.jp/park/fujihakone/effort/fuji.html），2015年1月30日現在。

Column：2020年開催予定　東京オリンピック・パラリンピック

2020年に東京オリンピック・パラリンピックが開催されることになった。非常に大きな需要が生み出されると推定されるなか，このイベントが環境に対してもたらす影響も議論されている注。

90年代以降オリンピックの開催においては環境への取り組みが不可欠なものとなっている。自然環境の保護に留まらず，環境汚染の防止，廃棄物の抑制・リサイクル，既存施設の再利用，低公害車の導入や緑化などが加えられて，2000年以降は再生可能エネルギーの導入や地球環境温暖化対策なども掲げられるようになった。

例えば付表は2012年に開催されたロンドン大会に関わるプロジェクト全期間にわたりCO_2の排出量を推計したものである。この表に見られるように，その対象は多岐にわたる。

付表　ロンドン大会におけるCO2排出量の把握対象

分類	排出源	概要
運営	ITサービス	IT機器および関連サービス（スコアボード，サーバー等），通信
	オリンピック関係者の移動	選手・技術者・メディア等の移動（車，バス，スポンサー車，バイク，船によるもの）
	メディア	メディア関係者の航空機利用・ホテル等への宿泊・飲食・消耗品
	Travel Grant	選手・役員等の航空機利用
	職員オフィス・飛行機移動	オフィスの消耗品等，航空機利用
	従業者・選手	ユニフォーム・飲食等
	施設のエネルギー消費	ガス・系統接続電気の使用
	仮設施設・設備	オリンピック村の設備，仮設施設等
観客	宿泊	ホテル・宿泊施設・知人宅への宿泊
	飲食・廃棄物	会場での食品・飲料・包装等
	移動	車・飛行機・バス・鉄道による会場までの往復。国内他地域・国外からの移動分を含む
施設建設	建設資材	使用する資材
	資材輸送	建設資材の輸送
	現地エネルギー消費	建設現場の動力稼働のためのエネルギー消費
交通インフラ整備	各プロジェクト	駅・鉄道の拡張・増強等。LOCOGまたはODAによる出資を受けたものに限る

（出所）環境省『2020年オリンピック・パラリンピック東京大会を契機とした環境配慮の推進について』2014年，18頁。

では，日本はどのようなことに取り組もうとしているのだろうか。日本は立候補ファイルにおいても環境負荷の最小限化，自然と共生する都市計画，廃棄物抑制，環境負荷の少ない輸送の実施等，環境面に関する積極的な対応が既に公約されている。付表からも示されるように，こうした取り組みは企業単独，あるいは政府単独で実現するものではない。産学官の連携が求められる。

すべての選手の活躍を期待すると共に，いかに環境面を損なうことなく大会を成功させるかという点にも注目される。

注　以下に示される情報は下記資料から引用している。環境省『2020年オリンピック・パラリンピック東京大会を契機とした環境配慮の推進について』2014年，9-20頁。

索　引

[カ行]

[サ行]

［タ行］

執筆者紹介（執筆順）

所　伸之	日本大学商学部教授	第1章
九里　徳泰	相模女子大学学芸学部教授	第2章
島内　高太	拓殖大学商学部准教授	第3章
瀬口　毅士	鹿児島県立短期大学商経学科准教授	第4章
山田　雅俊	玉川大学経営学部准教授	第5章
井上　善博	神戸学院大学経済学部教授	第6章
孫　榮振	高崎商科大学兼任講師	第7章
岡村　龍輝	明海大学経済学部准教授	第8章
根岸可奈子	国立宇部工業高等専門学校経営情報学科助教	第9章

編著者紹介

所　伸之（ところ のぶゆき）

学歴：中央大学大学院商学研究科博士課程修了
博士（経営学）
現在：日本大学商学部教授

主な著書：
『進化する環境経営』（単著，税務経理協会，2005年）
『環境経営学の扉：社会科学からのアプローチ』（共編著，2008年，文眞堂）
『サステナビリティと経営学：共生社会を実現する環境経営』（共編著，2009年，ミネルヴァ書房）
『The Smart City and the Co-creation of Value: A Source of New Competitiveness in a Low-Carbon Society』（単著，2015年，Springer）

環境経営とイノベーション
――経済と環境の調和を求めて――

2017年3月31日　第1版第1刷発行　　検印省略

編著者　所　伸之
発行者　前野　隆
発行所　株式会社　文眞堂
東京都新宿区早稲田鶴巻町533
電　話　03（3202）8480
FAX　03（3203）2638
http://www.bunshin-do.co.jp/
〒162-0041 振替00120-2-96437

印刷・モリモト印刷／製本・イマキ製本所

定価はカバー裏に表示してあります
ISBN978-4-8309-4939-5　C3034